46 亿年的奇迹

地球简史

日本朝日新闻出版　著

安春玲　刘思琦　译

显生宙
新生代
4

人民文学出版社
PEOPLE'S LITERATURE PUBLISHING HOUSE

冯伟民先生是南京古生物博物馆的馆长，是国内顶尖的古生物学专家。此次出版"46亿年的奇迹：地球简史"丛书，特邀冯先生及其团队把关，严格审核书中的科学知识，并作此篇导读。

"46亿年的奇迹：地球简史"是一套以地球演变为背景，史诗般展现生命演化场景的丛书。该丛书由50个主题组成，编为13个分册，构成一个相对完整的知识体系。该丛书包罗万象，涉及地质学、古生物学、天文学、演化生物学、地理学等领域的各种知识，其内容之丰富、描述之细致、栏目之多样、图片之精美，在已出版的地球与生命史相关主题的图书中是颇为罕见的，具有里程碑式的意义。

"46亿年的奇迹：地球简史"丛书详细描述了太阳系的形成和地球诞生以来无机界与有机界、自然与生命的重大事件和诸多演化现象。内容涉及太阳形成、月球诞生、海洋与陆地的出现、磁场、大氧化事件、早期冰期、臭氧层、超级大陆、地球冻结与复活、礁形成、冈瓦纳古陆、巨神海消失、早期森林、冈瓦纳冰川、泛大陆形成、超级地幔柱和大洋缺氧等地球演变的重要事件，充分展示了地球历史中宏伟壮丽的环境演变场景，及其对生命演化的巨大推动作用。

除此之外，这套丛书更是浓墨重彩地叙述了生命的诞生、光合作用、与氧气相遇的生命、真核生物、生物多细胞、埃迪卡拉动物群、寒武纪大爆发、眼睛的形成、最早的捕食者奇虾、三叶虫、脊椎与脑的形成、奥陶纪生物多样化、鹦鹉螺类生物的繁荣、无颌类登场、奥陶纪末大灭绝、广翅鲎的繁荣、植物登上陆地、菊石登场、盾皮鱼的崛起、无颌类的繁荣、肉鳍类的诞生、鱼类迁入淡水、泥盆纪晚期生物大灭绝、四足动物的出现、动物登陆、羊膜动物的诞生、昆虫进化出翅膀与变态的模式、单孔类的诞生、鲨鱼的繁盛等生命演化事件。这还仅仅是丛书中截止到古生代的内容。由此可见全书知识内容之丰富和精彩。

每本书的栏目形式多样，以《地球史导航》为主线，辅以《地球博物志》《世界遗产长廊》《地球之谜》和《长知识！地球史问答》。在《地球史导航》中，还设置了一系列次级栏目：如《科学笔记》注释专业词汇；《近距直击》回答文中相关内容的关键疑问；《原理揭秘》图文并茂地揭示某一生物或事件的原理；《新闻聚焦》报道一些重大的但有待进一步确认的发现，如波兰科学家发现的四足动物脚印；《杰出人物》介绍著名科学家的相关贡献。《地球博物志》描述各种各样的化石遗痕；《世界遗产长廊》介绍一些世界各地的著名景点；《地球之谜》揭示地球上发生的一些未解之谜；《长知识！地球史问答》给出了关于生命问题的趣味解说。全书还设置了一位卡通形象的科学家引导阅读，同时插入大量精美的图片，来配合文字解说，帮助读者对文中内容有更好的理解与感悟。

因此，这是一套知识浩瀚的丛书，上至天文，下至地理，从太阳系形成一直叙述到当今地球，并沿着地质演变的时间线，形象生动地描述了不同演化历史阶段的各种生命现象，演绎了自然与生命相互影响、协同演化的恢宏历史，还揭示了生命史上一系列的大灭绝事件。

科学在不断发展，人类对地球的探索也不会止步，因此在本书中文版出版之际，一些最新的古生物科学发现，如我国的清江生物群和对古昆虫的一系列新发现，还未能列入到书中进行介绍。尽管这样，这套通俗而又全面的地球生命史丛书仍是现有同类书中的翘楚。本丛书图文并茂，对于青少年朋友来说是一套难得的地球生命知识的启蒙读物，可以很好地引导公众了解真实的地球演变与生命演化，同时对国内学界的专业人士也有相当的借鉴和参考作用。

冯伟民

2020 年 5 月

CONTENTS
目录

冰河时代结束

1 万 4000 年前—5500 年前

[新生代]

新生代是指从6600万年前开始持续至今的时代。在这一时期，哺乳动物、鸟类以及被子植物等取代中生代的恐龙，迎来了全盛时期。不久，在它们之中，一个新的角色隆重登场，那就是我们——人类。

第 3 页　　图片 / PPS

第 4 页　　图片 / 文森特·缪斯 / 国家地理创新 / 阿玛纳图片社

第 6 页　　插图 / 加藤爱一 描摹 / 斋藤志乃

第 9 页　　插图 / 马里西奥·安东

第 10 页　　图表 / 三好南里

　　　　　　图片 / PPS

第 11 页　　图片 / C-MAP

　　　　　　图片 / 123RF

　　　　　　插图 / 加藤爱一

　　　　　　本页其他图片均由 PPS 提供

第 13 页　　插图 / 加藤爱一

第 14 页　　图片 / C-MAP

　　　　　　图片 / PPS

　　　　　　插图 / 斋藤志乃

第 15 页　　插图 / 斋藤志乃

　　　　　　图表 / 三好南里（根据《科学》杂志 2006 年 311 号）

　　　　　　图片 / 哈尼雅

　　　　　　图片 / 斯万·沃特森，安德鲁 / 澳大利亚国立图书馆 / 弗林德斯大学图书馆

第 16 页　　图片 / 文森特·缪斯 / 国家地理创新 / 阿玛纳图片社

　　　　　　图片 / 阿拉米图库 www.BibleLandPictures.com

　　　　　　本页其他图片均由 PPS 提供

第 17 页　　图片 / 常木晃 / 常木晃

第 18 页　　图片 / 图片图书馆

第 19 页　　图片 / 图片图书馆

　　　　　　图片 / C-MAP 基于《粮食生产社会的考古学》（常木晃编 朝仓书店出版）作成

　　　　　　本页其他图片均由 PPS 提供

第 21 页　　图片 / 年代图片社 / 阿拉米图库

第 22 页　　本页图片均由 PPS 提供

第 23 页　　图片 / C-MAP 基于《撒哈拉的边界》（门村浩 胜俣诚编）

　　　　　　图片 / PPS

第 25 页　　插图 / 真壁晓夫

　　　　　　图片 / PPS

第 26 页　　图片 / C-MAP

第 27 页　　图片 / 123RF

　　　　　　本页其他图片均由 PPS 提供

第 28 页　　图片 / Aflo

　　　　　　图片 / PPS

第 29 页　　图片 / Aflo

第 30 页　　图片 / 赫斯达伦项目

第 31 页　　图片 / 英格宝·洛宁，赫斯达伦

　　　　　　插图 / 斋藤志乃

　　　　　　图片 / PPS

第 32 页　　图片 / PPS

新生代	第四纪	全新世	现在
			1.17
		更新世	
			258
	新近纪	上新世	
			533
		中新世	
			2303
	古近纪	渐新世	
			3390
		始新世	
			5600
		古新世	
			6600 (万年前)

—顾问寄语—

岐阜大学教授　川上绅一

大约在 18000 年前，地球迎来了气候寒冷化的顶峰，

之后约从 1 万年前开始一直到现在，地球逐步变暖。

这使各地出现大面积森林，人类也由此展开了农耕活动。

在变暖进程中，撒哈拉南部地区曾出现过被称作"绿色撒哈拉"的森林，但如今这里已经再次被沙漠覆盖。

在古代文明出现之前，当时的气候与生态系统又是怎样一种情况呢？

被 食 物 覆 盖 的 大 地

从地平线吹来的暖风，温柔地吹拂着遍及大地的金色麦穗。全球范围内年产量在 7 亿吨以上的小麦，是产量最多的谷物之一，也是最早的农作物之一。于大约 1 万年前诞生的农耕，给人类社会带来了巨大的改变。食物稳定的供给，推动了人口增长，并且与城邦的出现息息相关。之后，与文明的发展相呼应，耕地面积开始不断扩大。现如今，除大陆冰川以外，耕地约占陆地面积的 2/5。不知最初开始耕作的人类是否也曾梦想过满是谷物的金色大地呢？

土耳其安纳托利亚地区的小麦田

土耳其是世界上著名的小麦生产国之一。普遍认为在这个地区诞生了最为古老的小麦栽培种之一"一粒小麦"。野生的小麦成熟后，麦穗会掉得七零八落，因此很难收获，但栽培种的小麦在成熟后，穗不会脱落，因此方便收获。小麦在农耕初期经历了漫长的演变，才从当初的野生种进化到如今的栽培种。

开始农耕活动的人类

在大约 9500 年前的西亚丘陵地带，人们等待收获沉甸甸的大麦。作为人类农耕文明的发祥地之一，这片土地被称为"肥沃新月地带"。以捕猎和采集获得食物的人类，在距今 1 万年前，即末次冰期结束时，慢慢开始了自给自足的生活。人们通过采集野生的大麦和小麦，逐渐发现每一株植物都存在个体差异，之后筛选出优良的品种进行栽培，由此诞生了如今适合栽培的品种。

村落

山羊等家畜

小麦

冰河时代结束

冰河时代即将结束，地球走向温暖化

地球虽然一直反复经历着寒冷的冰期与相对温暖的间冰期，但大约在更新世晚期，开始步入变暖进程。这种变化，大大改变了包括人类在内的动植物的生活。

地球历史的新时代，在全新世拉开了帷幕。

海平面上升与森林面积扩大

地球大约从 260 万年前的新近纪上新世晚期正式开始了寒冷化，迈入了现在熟知的"冰河时代"，这期间地球会反复经历冰期与间冰期。

约 2 万年前的第四纪更新世晚期，是最后的冰期（末次冰期）最为寒冷的时候，之后严寒便有所缓解。往后虽然会短暂出现寒冷天气，最终还是会进入温暖的间冰期。

之后不久，各地的变暖进程迅速加快，之后冰川融化，海平面上升，降水量增加。覆盖在北美洲及欧洲北部的大陆冰川迅速后退，这时的海平面与末次冰期的极冷期相比，上升了 90 米到 120 米。连接亚洲与北美洲的白令陆桥大约在 10500 年前被海水淹没，东南亚较为平坦的平原也被海水覆盖，形成部分岛屿。日本列岛从亚洲大陆分离出来，英国也同样与欧洲大陆分离。另一方面，在陆地上，以亚欧大陆中纬度地区为中心，森林面积在不断扩大。

这种环境的变化，给予了动植物极大的影响，人类社会也因此发生了巨大的变化。通往现代的帷幕，将在全新世拉开，让我们来看一下全新世的情况吧。

更新世时期的北美洲

图为末次冰期时北美洲动物的想象图。受到进入间冰期后的气候变动的影响,猛犸象、大角鹿逐渐消失。

冰河时代结束

地球史导航

更新世到全新世的气温变化

根据氧同位素比（纵轴δ18O）在格陵兰岛的冰盖样本中得到的气候记录。从中可以得知，约在13000年前突然发生了寒冷化（新仙女木期）现象。

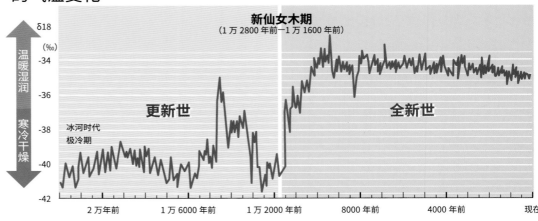

现在我们知道！

一万年前左右冰河时代结束，成了人类展开新生活的契机

末次冰期是距今最近的一次冰期，在大约2万年前达到了寒冷化的顶峰，之后这次冰期在1万年前左右结束。此后地球一直维持在温暖的间冰期的状态。

那么为什么在冰川时代时，冰期与间冰期会反复交替出现呢？

全球从2万年前左右开始变暖的原因究竟是什么？

地球乍一看是以一个圆形的轨道绕着太阳公转，但实际上轨道先由一个接近圆的形状变成椭圆形，之后再次变成一个接近圆的形状，而这是以96000年为一周期发生变化的。不仅如此，还有地球的自转轴倾角也是以41000年为一周期，从21.5度变化到24.5度。这种变化使太阳的距地距离与地球受热的地表面积比例发生变化，地球以数万年为周期发生气候变动。而这被称为"米兰科维奇旋回"。目前形成冰川时代的原因还有很多不明之处，但普遍认为是受米兰科维奇旋回的影响，且米兰科维奇旋回与末次冰期的结束也有一定关联。

气候变暖使人类的食物来源多样化

地球在进入间冰期后气温急速上升，世界地貌也因此发生了巨大的变化。冰川溶解，使原本存于陆地的水分再次开始在大海与大气中循环，因此海平面开始上升。而降水量的增加也带来了温暖湿润的气候，于是，在环境发生变化的同时，动植物的生态系统也发生了变化，过着狩猎采集生活的人类也因此发现了新的食物来源，逐渐适应了新世界。

间冰期的到来给人类带来了相当丰富的物质资料。比如沿海地区的低地沉没于大海后形成了大陆架[注1]，虽然居住在那里的人类被迫迁移到高处或内陆地区，但沉没的低地却成了鱼贝类丰富的渔场。不仅如此，由于冰川溶解以及降水量的增加，在各地形成了淡水湖。湖内不但有淡水鱼，还会吸引到鸟类及小动物等能够作为食物的各种动物。而且在广阔的森林地带，还有丰富的谷物、豆类、果实等资源。

为了利用当季的动植物，人类出现季节性定居[注2]的情况，甚至在条件较好的地区还出现了全年定居的情况。没过多久，擅长利用森林资源的人类学会了栽培作为食物的农作物。西亚地区及中国长江流域的人类在公元前8000年便已经开始了农业耕作。

末次冰期的结束与之后环境发生的巨变，很大程度上改变了人类生活的方式，也成为步入文明社会的契机。

充满谜团的寒冷期新仙女木究竟是什么？

间冰期温暖的气候是形成如今地球环境的主要原因之一。可是这

近距直击

15世纪到20世纪，世界进入小冰期

太阳黑子作为太阳运动的标志，很大可能会影响到地球气候。黑子数是以11年为周期进行变化，14世纪到19世纪中期，太阳黑子开始减少，太阳活动变得迟缓。而在1645年至1715年被叫作蒙德极小期的时期是最为寒冷的。在此期间，地球进入小冰期，阿尔卑斯山脉的冰川开始扩大，伦敦的泰晤士河有近半年都处于结冰的状态。但是关于黑子数量的变动是否会影响地球气候这一问题还具有一些疑点。

描绘17世纪时泰晤士河冻结的木版画

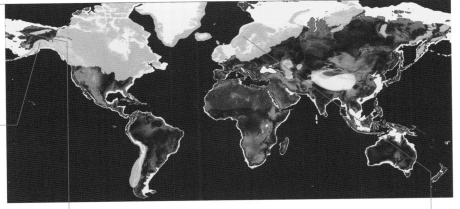

冰河时代 极冷期时的陆地

约2万年前末次冰期极冷期时的陆地（淡黄色）。绿色部分为现在的陆地。淡青色为冰川。海平面在那之后上升了90~120米。而如今令人担心的温室效应，会使海平面每100年上升数十厘米。从此图我们能够知晓当年究竟发生了多么大规模的海平面上升。

冰川后退

从末次冰期至今，世界各地的冰川都在逐渐后退。上图摄于阿拉斯加州的基奈峡湾公园，指示牌表示了1987年以来冰川后退的幅度。

白令陆桥

在末次冰期时，作为人类通往美洲大陆桥梁的白令陆桥，约在10500年前也沉没于大海之中。图为现在的白令海峡。左边是西伯利亚，右边为阿拉斯加州。

斯堪的纳维亚半岛

还留有峡湾地形的斯堪的纳维亚半岛在末次冰期时有大规模的冰川覆盖在岛上，但到了间冰期，沉重的冰川尽数融化，因反作用力现在整个半岛也在不断隆起。

生物的生存环境发生了巨大变化。

末次冰期结束后的地壳变动

受全球变冷的影响，大陆冰川不断发展，陆地也因冰川重量的增加而整体下沉，致使地幔上部的软流层受到挤压，大陆冰川开始融化时，流动的软流层重新回到原处，在地面隆起的同时海底地基在下降。

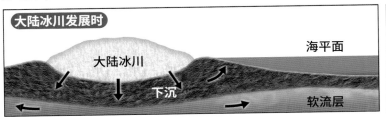

大陆冰川发展时
大陆冰川
海平面
下沉
软流层

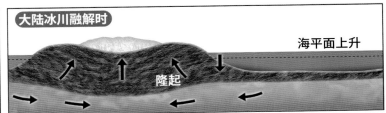

大陆冰川融解时
海平面上升
隆起

次间冰期究竟能维持多久还是未知的。

在末次冰期晚期，出现了一件离奇的事件，这件事足以说明冰川时代构成的复杂性。在大约2万年前，当时地球正从末次冰期的寒冷化顶峰中逐渐回温，但在13000年前气候突然变冷，宛如到了冰期的极冷期。这个被称为新仙女木期的时期持续了约1000年左右，在那之后气候再次转向温暖。这个时期突然寒冷化的原因目前并不清楚，虽然有两种假说，但还没有定论。一种是北美大陆巨大的冰川湖——阿加息斯湖溃决，大量的淡水流入北大西洋，影响了墨西哥暖流的流向。第二种是坠落在北美大陆的陨石在坠落后产生的灰尘引发了寒冷化。这些事件间接地说明，如今世界的气候及生态系统有可能正维持在一个奇迹般的平衡之上。

冰期时残留下来的生物

冰期时分布在广阔且寒冷的气候中的生物，在之后的气候变暖进程中，不断从原本寒冷的地区中被驱赶出来。其中只有因海拔过高导致气温较低的高山地带还留有一些它们的踪迹。包括高山植物在内，这些被遗留下来的植物被统称为冰川残留种。

雷鸟 | *Lagopus muta japonica* |

雷鸟广泛分布于亚寒带及寒带地区，在日本也只有本州中部的高山地带还有少数留存，是冰川残留种的代表性动物。

东北鼠兔 | *Ochotona hyperborea yesoensis* |

是栖息在北海道高山地带的鼠兔的亚种，是末次冰期时分布较广的冰川残留种。

科学笔记

【大陆架】 第10页注1

在与大陆相邻的缓坡面的海底，水深皆为100~200米左右。在冰期时，海平面下降，受侵蚀作用形成了堆积平原。冰期结束后海平面上升，堆积平原沉到海里成为大陆架，通常能形成良好的渔场。

【定居】 第10页注2

普遍认为在旧石器时代，以追求更多的食物为目的而移动、过着狩猎采集生活的共同体的规模为一至数个家族。旧石器时代晚期至新石器时代，定居后共同体的规模不断扩大。在公元前13000年至10300年左右，西亚地区出现了以血缘集团组成的"村落"。农耕的出现使村落规模再次扩大，不久便出现了"城市"的概念。

农耕的起源

古代西亚的农耕是现代社会的基础。

面对富饶的森林，人类开始定居

在冰期寒冷与干燥肆虐的气候中，过着艰苦狩猎采集生活的人类面前出现了富饶的森林。从此，人类开始了定居生活与农业耕作。

在西亚地区萌芽的农耕文化

大约 2 万年前到达寒冷顶点的末次冰期宣告结束，步入温暖湿润的气候（间冰期）后，世界各地出现了森林。至此为止，在草原中寻找，追逐动物，过着狩猎生活的人类开始将目光转向了森林。

森林拥有丰富的食物资源，如橡实、扁桃、开心果以及小型动物等。人类为了利用这些资源决定定居在那里，没过多久，农耕便诞生了。根据考古学证据，农耕活动最早出现在古西亚地区，且以这里作为源头，古西亚人研究出了数不清的食物种类，如小麦、大麦、各种豆类等农作物，还有山羊、绵羊、猪、牛等家畜以及奶酪等奶制品，甚至还有啤酒、红酒等，不过分地说，现代生活的饮食文化是由古西亚文明构筑而成的。古西亚的农耕文明孕育了我们现代生活不可或缺的东西，让我们一起去追溯古西亚文明的起源吧。

古西亚农耕的情景
人类在森林地带定居后开始
种植小麦。图为约 9500 年
前在伊拉克北部的耶莫进行
农耕的想象图。

13

农耕的起源

西亚^{注1}的定居与农耕遗址

在"肥沃新月地带"中孕育出了最早的谷物栽培种，且出现了动物家畜化现象。受惠于底格里斯河与幼发拉底河，这个地区曾出现过许多繁荣的部落。

时期名	年代
纳图夫文化(时期)	公元前13000年—公元前10300年
无陶新石器时代A期	公元前10300年—公元前8800年
无陶新石器时代B期	公元前8800年—公元前7000年
新石器时代^{注2}	公元前7000年—公元前5800年

哥贝克力遗址
（无陶新石器时代A期至无陶新石器时代B期）
有新石器时代最大规模的建筑物，推测其为宗教建筑。

恰约尼遗址
（无陶新石器时代A期至新石器时代）
存在祖先崇拜，有祭祀人骨的建筑。

内瓦尔乔利（无陶新石器时代B期）
确定存在小麦栽培与家畜饲养的遗址，拥有祭祀用的空间。

艾恩俄凯克遗址
（无陶新石器时代B期至新石器时代）
新石器时代的西亚最高级别的部落。在这里曾出土过印章等，说明在这里曾出现过交易行为。

奈姆立克遗址（无陶新石器时代A期至B期）
横跨无陶新石器时代A期至B期的部落。

泰勒穆列比特（纳图夫文化时期至无陶新石器时代B期）
在纳图夫文化时期植物种类繁多，但到了无陶新石器时代A期开始主要出产小麦与大麦。

耶莫遗址（无陶新石器时代B期至新石器时代）
最早进行调查的早期农耕部落。

杰夫·埃尔·阿玛尔遗址（无陶新石器时代A期）
存在巨大圆形遗留建筑物，据猜测应该是祭祀用建筑。

阿布胡赖拉遗址
（纳图夫文化时期至无陶新石器时代B期）
有草原定居的痕迹，这时人类从森林扩张到了草原地带。

乔加戈兰（无陶新石器时代A期至B期）
扎格罗斯最古老的农耕遗址之一。

艾恩马拉哈遗址（纳图夫文化时期）
具有纳图夫文化代表性的定居遗址。

奥哈拉二世（约1万9000年前）
人类利用疏林地带多种资源在末次冰期极冷期时定居于此。

耶利哥
（无陶新石器时代A期至新石器时代）
在无陶新石器时代A期形成了拥有用石坯围成的高塔状建筑物的部落。

幼发拉底河
底格里斯河与幼发拉底河的冲积平原自公元前3500年以来，以乌尔、乌鲁克为中心出现了美索不达米亚文明。

这片农耕的发祥地被称作"肥沃新月地带"。

耶利哥遗址

现在我们知道！

定居生活带来了农耕文化与系统化的宗教

早在冰期时就已经有利用森林资源过着定居生活的人类了。如巴勒斯坦地区的奥哈拉二世遗迹就在冰期时出现了森林，在其遗址（约19000年前）中发现了住宅、动物骨骼及野生麦种。定居生活是以利用资源而进行的，特别是森林周围的湖泊、河川沿岸地区的多种资源。

冰期结束后，森林面积的扩大使定居面积也在扩大。多数的血缘集团聚集生活在一起，便出现了"村落"，这被称作纳图夫文化（公元前13000年—公元前10300年）。这个时期的人类还是在过着狩猎动物、采集麦子的狩猎采集生活。

但到了之后的无陶新石器时代，人类生活出现了巨大的变化。无陶新石器时代的意思是陶器还未出现的新石器时代，在西亚地区将无陶新石器时代大致分为A期（公元前10300年—公元前8800年）与B期（公元前8800年—公元前7000年）。在无陶新石器时代A期时部落规模不大，依然在利用野生的动植物资源，但在无陶新石器时代B期的遗址中却发现了小麦栽培种的踪迹。

部落的形成

定居现象出现于公元前1万几千年前到1万年前左右的北半球中纬度地区。从利用森林资源的狩猎采集生活到以种植为主的农耕生活，部落规模不断发展壮大。

公元前13000年—公元前10300年	公元前10300年—公元前8800年	公元前8800年—公元前7000年
纳图夫文化时期	**无陶新石器时代A期**	**无陶新石器时代B期**
住宅是用石头堆积而成的圆形房屋。利用多种自然资源、过着狩猎采集生活的人组成的数十人的定居部落。	住宅为圆形，主要以石头与土块堆积而成，部落中有类似公共设施的部分。人们开始积极利用野生小麦。	住宅从圆形变成方形，出现了千人以上的部落，当时已开始栽种小麦。具备用祖先的头骨装饰的祭祀用的区域。

小麦野生种与栽培种

小麦的栽培种
基因发生突变，与野生种相比麦穗不易脱落，且麦粒较大。

在西亚新石器时代繁多的遗址中，我们发现了一粒小麦和二粒小麦及大麦的痕迹。野生种小麦在成熟后含有种子的麦穗部分会散落，另一方面栽培种的麦穗会贴在一起，脱壳后便可以食用。从遗址出土的麦粒来看，野生种的小麦表皮较为光滑，与之相对，栽培种有脱壳时留下的痕迹，两者因此可以区分开来。

小麦的野生种
成熟后麦穗容易脱落，不易收获。

科学笔记

【西亚】 第14页注1
地处亚欧大陆西南部，处在连接亚非欧三个大洲的位置。又称中东。在西亚地中海沿岸的黎凡特地区曾出现过定居部落的纳图夫文明。

【新石器时代】 第14页注2
这是石器时代中最后的时代，主要以是否使用陶器与石器，是否开始了畜牧与农耕为标准进行时代划分。不过，现在我们已经明确石器时代的划分情况是根据地域有所不同。比如在西亚，陶器还未出现的时代称为无陶新石器时代A期与无陶新石器时代B期。陶器出现后称为新石器时代（或后新石器时代）。

【家畜饲养】 第15页注3
家畜饲养的考古学证据是基于遗址中出土的动物骨骼与形态发生的变化，还有动物骨骼的年龄。普遍认为定居是开始家畜饲养的关键。

小麦种植的进展
对遗址中出土的小麦进行调查后发现，小麦并不是突然就从野生种进化到如今的栽培种的，而是经历了长时间的品种改良。即使在农耕开始后的很长一段时间里，栽培种与野生种的小麦都是混在一起种植食用的。直到3300多年前野生种才完全改良成栽培种。图表的数字是已出土的麦穗数量。

图表：
（遗址名称）
卡拉梅尔 / 内瓦尔乔利 / 俄凯克 / 哥萨克

- 卡拉梅尔：野生种 14，栽培种 4（公元前 9750 年）
- 内瓦尔乔利：野生种 243，无法判断 73，栽培种 39（公元前 8500 年）
- 俄凯克：野生种 9，无法判断 5，栽培种 8（公元前 6200 年）
- 哥萨克：野生种 21，无法判断 124，栽培种 264（公元前 5000 年）

图例：野生种 / 无法判断 / 栽培种

从选择容易收获的小麦开始

野生种小麦与栽培种小麦的区别在于麦穗的不同。野生种小麦在成熟后麦粒会脱落掉到地上，但栽培种在成熟后麦粒不会从麦穗上脱落，可以直接收割获取麦粒。其原因大约是人类在追求食物的漫漫道路中，收割野生种的谷物时系统地选择了更加容易收割的谷穗，栽培了其谷种。

此外，遗址中出土的动物的骨骼也发生了变化。在无陶新石器时代B期中期主要以瞪羚、原牛（野牛）、鹿和马为主。但到了无陶新石器时代B期晚期，山羊、绵羊、猪和牛占据了全部出土骨骼的70%以上。由此得知在这个时期已经实现了家畜饲养[注3]，这便是农耕与畜牧的起源。

自主造出适合农耕的环境

人类发展农耕文化后，大规模开辟了森林与草原的土地使其成为耕地，不久便出现了灌溉技术。一直以来，人类依赖自然环境的馈赠，到处寻觅动植物的栖息地。但从此以后人类终于能够自主造出适合农耕的环境。灌溉技术将农耕的舞台从草原地带推进到了沙漠地带，比如将水源引入

杰出人物

提出"新石器革命"

出生于澳大利亚，主要在英国活动的考古学家。在20世纪初，还在用出土的工具来区分石器时代与青铜时代的人类史上，由柴尔德第一次导入了社会经济形态的研究，提出"新石器革命"，将其作为农耕的开始。柴尔德认为，在冰期即将结束的时候，西亚地区气候干燥，人类与动植物为寻求绿洲被迫聚集到水源附近，所以人类开始利用生态资源是迫不得已形成的结果。但实际上，当时的气候并非干燥，相反是温暖湿润的，所以人们不得不重新看待这个假说。以经济形态的角度去看待人类史的视点，这给予了考古学等巨大影响。

考古学家
戈登·柴尔德
（1892—1957）

石质研磨杵等
纳图夫时期的遗址中出土的研磨杵与研钵。其作用大约是为了食用谷物及果实制作而成。

地球史导航

农耕的起源

沙漠地带的欧贝德文化（公元前5500年—公元前4000年）等文化，奠定了城邦国家的基础。

潜藏在农耕起源中的祖先崇拜

在农耕初期有一件大事同时也出现了，那就是祖先崇拜引发的宗教系统化。

人类在森林地带开始定居生活后，围绕着环境资源，"想要获得更加优越的定居环境"成为人类最关心的事情，因此以领土和地位为中心开始出现了争端。想要获得领土或领土使用优先权时，在当时主张"从祖辈便代代住在这里"应该是最为有效的。所以各部落为了领土正当化开始祭祀祖先，加强对祖先的崇拜。

其代表便是公元前9000年左右修建的土耳其哥贝克力遗址。

哥贝克力遗址是在农耕初期或更早时期时，还过着狩猎采集生活的人类建造而成的。在高达数百米的丘陵之上，巨大的石柱排成一连串的圆环，石柱上刻有人物以及部落图腾的各种动物。

"宗教源于农耕"曾经这种说法是最为有力的。因为如果要实现大规模的灌溉与部落的建设需要强大的领导力，所以当权者为了展现自己的威信，便催生出了神

哥贝克力遗址

哥贝克力遗址被发现于土耳其东南部的哥贝克力山丘（又名大腹山），于无陶新石器时代A期到B期期间建造使用。因建造时间的特殊性，该遗址与农耕之间的关联性也众说纷纭。有人说是为了确保建造神庙的工人们的食物供给，所以开始了农作物的栽培，也有人说是因为在那里得到了品质优良的种子。只不过无论哪种学说都缺乏根据，弄清其原貌还需更加深入的调查，相似遗址还有内瓦尔乔利遗址。

庙与宗教的概念。但是哥贝克力遗址的建造时间却比人们预想的要早很多。这座能够让人感受到高超的技术与丰富的精神性的神庙给了研究者们极大的冲击。

此外，通常在一个遗址中只会出土少数几种箭头，但是哥贝克力遗址却出土了很多种。因此，可以猜测这里应该是作为各部落的巡礼之地，在祭祀自己部落图腾的同时互相认可其他部落的图腾，从而确认对方的土地边界与社会地位而存在的，是调整各部落之间利益关系的宗教中心。

因为在哥贝克力遗址的周边地区没有发现农耕的痕迹，所以并不清楚此处遗址给予了农耕文化多大的影响。不过可以确定的是，农耕社会与其之前的社会形态相比，明显出现了祖先崇拜的倾向。这是因为对于农耕来说，包括土地等生产资料在内，这种以祖辈代代相传下来的遗产是必不可少的。土地所有制与祖先崇拜的加强，还有农耕的开始极大地改变了人类的精神世界，而这也成为人类建设城市文明的原动力之一。

雕刻在石柱上的图腾

遗址上林立的石柱高约三到五米，平均质量十吨左右。蛇、狐狸、野猪等动物被用简单的几何图案雕刻在上面。

用水泥加工过的头骨

在耶利哥遗址中出土了一个奇特的人类头骨，这个头骨用灰泥复原了面部，眼窝处则镶嵌了贝壳。据猜测这并不是单纯的祭奠死者，还存在祖先崇拜的倾向。

观点 碰撞

新仙女木事件成了农耕出现的契机？

公元前10800年左右出现的新仙女木事件引发了气候变冷，人类为了应对其造成的食物危机（资源压力）开始进行农业耕作，这个假说被称为"压力说"。但农耕的起源是在公元前8800年的无陶新石器时代，且没有任何植物学证据能够证明新仙女木事件对农耕造成了影响，所以目前对此假说否定态度的为大多数。

"压力说"猜测人类短时间内便开始了农耕，但实际上这需要数千年

在西亚大地探索农耕社会的起源

围绕农耕社会起源地的调查

西亚的"肥沃新月地带",与被养殖和种植之前的动植物的野生种的发现地分布高度重合,所以我们认为这片土地应该是农耕和畜牧的起源地,因此在19世纪40年代后期,人们首先开始对伊拉克库尔德斯坦地区进行了农耕起源的调查。但是,由于之后伊拉克政治情况恶化,调查中心也转向了可能是农耕起源地之一的"黄金三角地带"。"黄金三角地带"指的是从约旦溪谷到幼发拉底河中游的"黎凡特回廊"和从叙利亚北部到安纳托利亚东南部。

在19世纪90年代后期,人们又将对农耕起源的注意力转向了位于肥沃新月地带北部的土耳其东南部卡拉卡山地区。基于单粒小麦的DNA分析结果与主要栽培植物的野生种分布情况,便有人预想了一种假说(核心地带说):在公元前8500年左右(无陶新石器时代B期初期)在这片土地上曾住着一群具有先进技术的人类,农业耕种就是由他们一齐开展的。在这个假说出现的同一时间在位于卡拉卡

西亚早期农耕遗址分布图

图中用不同的字母表示了从各个遗址中出土的农耕初期植物的栽培种与野生种的分布情况。从中可以得知每个地区的分布情况都稍有不同。

山地区西边的哈兰平原北部的山丘上,挖掘出了与假说处在同时期的哥贝克力遗址。哥贝克力遗址上林立着布满雕刻的巨大石柱,被认为是部落的朝拜之地,其调查结果恰好与假说的时间相符合,这使更多的人愈发支持这个假说。

再次成为焦点的
肥沃新月地带东部

但是到了21世纪初,人们对核心地带说的疑问接踵而来。最关键的问题就是迟迟没有在卡拉卡山附近的史前遗址中找到符合假说的早期栽培种。反而在其他史前遗址中不断发现了多种早期栽培种。这表明了当时野生植物是在不同的区域分开进行栽培的。因此越来越多的研究学者认为农耕并非集中在核心区域出现后,散播到西亚各地,而是当时的人类在肥

沃新月地带中对各种植物不断进行栽培,逐渐摸索出适合耕种的植物,最后才形成古西亚型的农耕模式。(上图)

当时再次成为焦点的就是肥沃新月地带的东部扎格罗斯地区,该地区因为政治问题无法进行调查,成为调查环节中缺失的一环。人们首先对伊朗的扎格罗斯地区进行了考察,到了2010年又对伊拉克库尔德斯坦地区新石器遗址再次进行考察。至此,我们发现这些遗址与肥沃新月地带西部到北部的遗址基本存在于同一个时期,在东部也发现了早期的农耕畜牧化的可能性。

筑波大学考察队也在2014年夏天,着手对伊拉克库尔德斯坦地区的克拉德艾哈迈丹遗址开展了挖掘调查。我们认为这次考察将会补上调查环节中被遗忘了近半个世纪的缺环,也会对重构西亚整体的农耕社会做出贡献。

对伊拉克库尔德斯坦地区的遗址调查

筑波大学在克拉德艾哈迈丹遗址进行发掘调查(2014年9月)

1940年以调查农耕起源为目的而被考察过的耶莫遗址,图中人物站立处为遗址所在地

常木晃,生于1954年,毕业于筑波大学,人类历史学科研究生。为了调查农耕起源与城市形成之间的历史进程,从1977年开始在西亚地区进行实地考察。著有《粮食生产社会的考古学》(朝仓书店),《食文化——历史与民族的盛宴》(悠书馆)等。

撒哈拉以南的非洲地区(公元前2000年—)
🌽 龙爪稗, 高粱, 非洲水稻
🦌 牛

在各地被驯化的猪

野猪经过驯化后成了家猪。人类驯化野猪最重要的原因大约是因为野猪分娩一次就会产下数只幼崽。在野猪栖息范围较广的西亚地区中找到了在公元前 7000 年就已经开始驯化野猪的证据。图片为野猪。

谷物

黄河流域地区(公元前7000年—)
🌽 小米, 黍子
🦌 家猪

龙爪稗

小扁豆

水稻

牛

农耕的优点

农耕的好处在于可以长期储存谷物等粮食, 因此人类可以轻松应对由季节与气候变动引发的粮食短缺。图为非洲传统谷仓。

西亚地区(公元前8000年—)
🌽 小麦, 大麦, 豌豆, 蚕豆, 鹰嘴豆, 小扁豆
🦌 绵羊, 山羊, 牛, 猪

长江流域(公元前8000年—)
🌽 稻子, 菱, 葫芦
🦌 水牛, 家猪

(图示)

 该地区可能栽种的植物

 该地区可能驯化的动物

因为犬类并非是为了获得食物而驯化的, 所以排除了犬类动物。

※黄色文字表示可能被饲养与栽培的物种。

观点⚡碰撞

农耕是在某个特定的地区出现的吗?

根据单粒小麦、鹰嘴豆等 8 种农作物的基因调查结果发现, 其起源地都是源于卡拉卡山地附近。这个调查结果催生了"核心地带说"。"核心地带说"是指农耕是在某个地区突然出现后, 散播到了世界各地。但是研究员再次着手研究数据的分析手段时发现, 电脑并没有把杂交种考虑在内。再加上从其他地区的遗址中同样出土了原始农作物的种子, 因此这个假说不得不被否定, 现在普遍认为农耕是经过了常年栽培多种农作物后才产生的。

鹰嘴豆, 其原始野生种有力证实了核心地带说

原理揭秘

在世界各地出现的农耕与家畜

向日葵

南瓜

美国东部地区（公元前3000年一）
🌽 南瓜，向日葵，锦珊瑚，莴苣

玉米的诞生

Teosinte　　Modern Corn

玉米穗较为细小的墨西哥玉米（图左）经历了漫长的岁月，才变成了如今的玉米（图右）。有人猜测在公元前1600年左右出现的穗轴肥大的玉米，最接近现在的玉米。

墨西哥中部地区
（公元前4000年一）
🌽 玉米，芸豆，利马豆，南瓜

土豆

安第斯山脉地区（公元前3000年一）
🌽 土豆，藜麦，芸豆，利马豆，南瓜
🦌 美洲驼，羊驼，几内亚猪

美洲驼

藜麦

农耕是指人类开辟了定居地附近的土地后，自主创造出适合农耕的环境，进行播种、灌溉等栽培农作物的活动。如今我们已经明确农耕活动是在世界各地分别开始的，而根据地区与环境的不同，种植的植物种类也有所不同。在这里我们基于考古学及植物学的证据来介绍几个基本确定是自发形成农耕的地区。

栽培与农耕的区别

　　栽培分为三个阶段，分别为次要栽培、专业栽培与农耕栽培。所谓次要栽培指的是不含任何技术的栽培，人类为了丰富食用植物的种类，进行驱赶害虫野兽、拔除其他植物的作业。所谓专业栽培指的是对植物进行择优栽种，比如在日本绳文时代，就对栗子进行了择优栽种，所以此后栗子的基因发生改变，果实变大。农耕栽培指的是人类自主创造出适合植物生长的栽培环境，其特征是优化了与人类息息相关的农作物的作用。

小麦成了西亚农耕活动的中心，图为单粒小麦

※普遍认为在东南亚与南美洲的低地雨林等热带地区，芋头、山药、地瓜等根茎植物大概率是分开进行栽培的。除此之外，鸡也有可能是在东南亚被驯化成了家禽。不过因缺乏相关考古学证据，故而在本页中不进行论述。

19

撒哈拉沙漠的气候变动

数千年前还是植物的乐园啊！

『绿色撒哈拉』成了沙漠

撒哈拉沙漠位于非洲大陆北部，是世界上最大的沙漠注1。这片荒凉的大地在 6000 年前还曾绿意盎然。

曾经绿意盎然的撒哈拉沙漠

撒哈拉沙漠东西长达 5600 千米，南北宽约 11700 千米，总面积约 1000 万平方千米。撒哈拉沙漠能轻松容纳整个美国，足见其广阔。

位于撒哈拉沙漠南部边缘的萨赫勒是半干燥地带，呈带状分布。其以北地区可以欣赏到几乎没有植物的砾质沙漠与沙质沙漠的景观。

现如今撒哈拉地区年均降水量不足 25 毫米，但它也曾有生机勃勃的时代。利比亚马里德特中线条硬朗的砂岩景观也是在那个时代受热带雨水侵蚀而形成的。乌尼昂加湖泊群在沙漠地带也因没有干涸而被列为了世界遗产，但与那个时代相比，现在的湖泊面积也不过是九牛一毛。

阿尔及利亚的阿杰尔高原的居民们详细地记录了"绿色撒哈拉"的全貌。他们留下了近两万多幅岩画与雕画，最古老的甚至能追溯到新石器时代。

让我们一起追溯撒哈拉地区的变迁吧。

绿色撒哈拉的痕迹
在利比亚马里德特地区这片荒芜的土地中留有一大片受雨水侵蚀的砂岩。撒哈拉是阿拉伯语音译而成，意思是荒芜的大地。

现在
我们知道！

湿润期的撒哈拉沙漠
拥有充足的水分与植被

岩壁上描绘着现在已经不在当地栖息的大象、水牛、长颈鹿等动物

现在的阿杰尔高原

阿杰尔高原的岩画

这幅画应该绘于公元前4000年到公元前2000年左右，描绘了人类放牛等场景。

因为冰期与间冰期的交替而产生的全球气候变动，引起了极地地区的冰川前进和后退的交替，也造成了热带地区气候的干燥和湿润的变换。

在大约2万年前的末次冰期极冷期时，热带季风减弱，干燥的气候占据主导地位。这令非洲大部分地区都成了干燥地带。撒哈拉沙漠与现在相比南下了近数千米，甚至可以在今天的萨赫勒地区看到当时堆积的古沙丘与沙床，当时位于萨赫勒

乌尼昂加湖泊群
曾经作为巨大湖泊的乌尼昂加湖泊群，现在只留下了大大小小18个湖沼。在地下的含水层中还存有数千年前的湿润期时储藏的水分，正因为有这些水分的供给，乌尼昂加湖泊群才被称为在沙漠也不会干涸的湖泊。

中央的乍得湖[注2]趋向干涸，如今是一片雨林的大地，也被干燥的气候所侵袭，植被从森林变成了稀树草原[注3]。

末次冰期结束，万物生长

在末次冰期的极冷时期过后，地球进入了变暖进程，非洲热带地区的气候也在14000年前左右开始变得湿润。于是非洲便迎来了两个湿润的高峰期，一个是1万年前到9000年前，另一个是8000年前到6000年前。这时撒哈拉的内陆地区也开始大量降水，稀树草原覆盖了荒凉的沙漠。如今已经干涸的河谷当时也有潺潺水流，乍得湖的水位也上升到了不逊于加勒比海的位置。因为大量的鱼类与动物居住在这些湖泊与河流中，在当时也存在狩猎

与渔猎活动。

在阿尔及利亚东南部的阿杰尔高原遗迹中残留着能够追溯到那个时代的大量岩画，狩猎、舞蹈等画面鲜活地描绘了"绿色撒哈拉"时的生活。

从这些经历了数千年的岩画中，能够看出撒哈拉地区的气候变化。以1万年前到9000年前的湿润期为中心的岩画中绘有人类在草原上追逐野生动物的场面，其特征是能够发现大象、水牛、鹈鹕等在水边栖息的动物。以8000年前到6000年前的湿润期为中心的岩画中绘有放牧牛羊的场面。

旱情恶化，草原变成沙漠

在5500年前左右，湿润期宣告终结，大概也是在那个时候，撒哈拉的气候从稀树草原气候转变为沙漠气候。关于气候变

◎ 岩画上描绘的主要动物种类

位于阿尔及利亚的阿杰尔高原拥有各式各样的岩画。这些并不是在同一个时代绘制完成的，而是经历了约8000年的民族兴替，由不同的民族不断添加上去的。因此我们可以从这些岩画中看出人类生活环境的变化。根据岩画中所绘动物种类的不同，可以分为四个时代，分别是"猎人时代""牧牛时代""驭马时代"和"骆驼时代"。

撒哈拉地区一直在重复着干燥与湿润的气候。

湿润 ↓ 干燥	"猎人时代"1万年前—	羚羊、野羊、大象、水牛、鹈鹕
	"牧牛时代"6000年前—	长颈鹿、鸵鸟、河马、犀牛、水牛、大象、带有项圈的牛、荷尔斯泰因牛、驴、猎狗
	"驭马时代"3000年前左右	马、马车、牛车
	"骆驼时代"公元前2世纪左右	骆驼

◎ 撒哈拉沙漠气候变化

撒哈拉沙漠在大约2万年前的末次冰期的极冷期过后，出现了大规模的干旱。之后迎来了两个湿润期，一个是1万年前—9000年前的湿润期和8000年前—6000年前的湿润期。但在5000年前开始旱情不断恶化。这1万年间，沙漠规模变化幅度的是500~1000千米。

【图注】　▒ 沙漠　▓ 绿地　░ 干燥地区与其他地区

2万1000年前的大干燥期	7000年前的大湿润期	现在
这时沙漠地带向南部扩张，萨赫勒地区也出现沙漠化现象，乍得湖完全干涸。	撒哈拉内陆地区也出现大量降水，植被覆盖了沙漠，这时人类深入到了撒哈拉内陆地区。	赤道附近为热带雨林，北纬20度—30度附近为沙漠地带。萨赫勒地区主要是干燥的稀树草原。

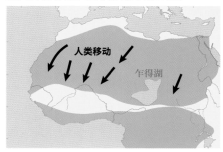

得干旱的过程现在还充满疑团，但通过分析北大西洋的北非冲芯（堆积物样本），在6000年前到5000年前时在核心处堆积的陆源沉积物（从大陆流入海中的有机物等）比例发生突变，从中可以得知非洲大陆也在这个时候发生了巨大的变化。此后，撒哈拉地区虽然经常有小幅度的湿度的变化，但基本都处在干燥的气候中，现在撒哈拉沙漠的界限与5000年前相比约南下了1000千米。

与此同时，人类生活也发生了改变，阿杰尔高原岩画的内容发生改变。从3000年前开始，岩画中便已经看不到大型哺乳类动物的身影了，只有作为交通工具的马与骆驼。

随着时间的推移有可能是因旱情的恶化，绘制岩画的人也离开了这里。阿杰尔高原的意思是"拥有河流的台地"，现在只有这个名字向我们传达了当时水资源丰富的痕迹。

地球 进行 时！

再次绿化的撒哈拉沙漠？

如今各国都致力于绿化撒哈拉沙漠，也有因温室效应使撒哈拉地区的绿化率上升的学说。我们可以从近几年的卫星画面中发现，萨赫勒地区的绿化率在上升。气温上升后，大气中的保水性也在上升，降水量也因此变多，所以有人预测会再次迎来一万年前的湿润期。但是由于北非地区幅员辽阔，再加上受变幻莫测的季风的影响较大，这个假说也不一定成立。不仅如此，研究还发现撒哈拉地区的降水量实际上有所减少，所以目前情况还是不容乐观。

绵延着干燥的热带稀树草原的萨赫勒。萨赫勒发生旱灾的话，将会招致大规模的饥荒，因此这一地区持续干燥的气候令人担忧

3. 各类沙丘

根据风向、风速和沙子的供给量不同，沙丘会形成各种形状。比如像月牙的形状一样，两侧在风下延伸的横向沙丘（新月形沙丘），还有与风向平行延伸的纵向沙丘，与风向垂直延伸的横向沙丘，因风向不固定形成的块状沙丘等种类。

沙丘
在干燥且平坦的地面上，沙子会以每秒5米以上的速度进行移动，形成各种姿态。图片中央是被椰子树保护的绿洲。

随手词典

【绿洲】
绿洲是指在荒漠等地带中，小范围能获得淡水资源的场所。水资源的来源除了地下水或山脚的伏流水等泉水，还有井水和外来的河流（在干燥地区以外的地方有自己水源的大河），这些通常是农业与畜牧业重要的据点。

【信风】
信风的意思是向一定的方向且风速稳定的风。通常是指在纬度30度地区附近亚热带高气压向赤道吹的风，北半球吹东北风，南半球吹东南风。

2. 沙漠的形成

岩石风化后裂成碎小的石块，强风会吹走这些石块，之后堆积在一起就成了荒漠。岩漠是岩石裸露的荒漠，砾漠是被砾石覆盖的荒漠，沙漠就是沙子堆积的荒漠。

风化作用
风化作用指的是作为地基的岩石在不断膨胀收缩中，体积产生差距而碎裂成为沙砾的现象。露水等水分会促使这个现象发生。

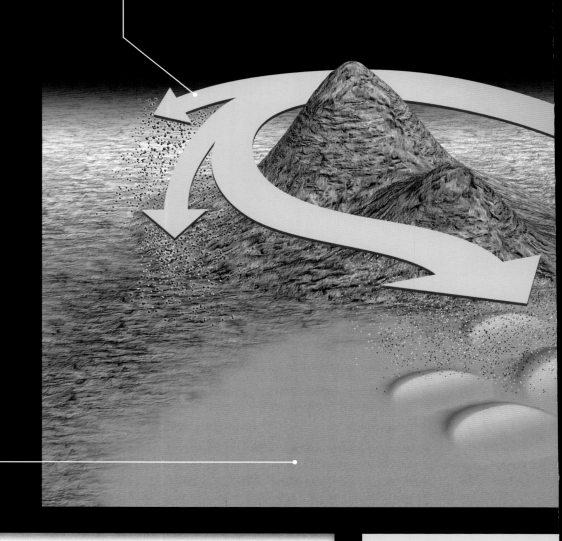

近距直击

大气循环催生了沙漠

  赤道附近因受太阳光的直射，温暖的大气上升后成为云团，这些云团会带来大量的降水（赤道低气压带）。降水后的高空大气干燥，向两极流动后在纬度30度左右下降。下降的大气在北半球成为风力较强的东北风（信风），吹向赤道。这个循环叫作哈德雷环流，因为在副热带高压带的高空常有高气压盘旋，所以很难引起降水。

失去水分的风

哈德雷环流

干热风

赤道地区

沙漠

在赤道附近的热带雨林地区的北方或南方会形成沙漠

耳郭狐
| *Vulpes zerda* |

身长约40厘米，栖息在撒哈拉沙漠等地区的世界上最小的狐狸。其特征是通过巨大的耳朵来发散热量，在足底有一层在炽热沙地中保护脚掌的绒毛。

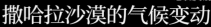

撒哈拉沙漠的气候变动

1. 步步紧逼的风化

在白天，沙漠的表面温度会达到70摄氏度以上，但是在夜晚会下降数十摄氏度。这种剧烈的温度变化会导致沙漠中的岩石不断膨胀收缩然后碎裂，风化就越来越严重。

地垛

地垛是顶部较为平坦的丘陵，受侵蚀作用，周围不断崩塌，成了现在的形状。台地就是较大的地垛。

原理揭秘

沙漠是怎样形成的

以撒哈拉沙漠为首的大面积的沙漠几乎都在纬度20度至30度左右的地区。根据哈德雷环流，这是由于降水量较少的副热带高压带多控制这个区域。受副热带高压带的影响，沙漠气候的地区昼夜温差较大，风化作用越来越强，强风携带大量沙尘在下风处堆积，成为沙漠。

适应了沙漠环境的各种动物

纳马夸兰沙鸡
| Pterocles namaqua |

身长约25厘米，居住在非洲南部的沙漠以及草原地区。雄鸟在发现水源后用肚子上的羽毛吸满水分，之后带到巢穴中喂给雏鸟。

跳鼠
| Dipodidae |

身长约10厘米，居住在北非和东亚的干燥地带中，通过用较长的后腿进行跳跃，在沙漠中能够跳跃3米左右。

角响尾蛇
| Crotalus cerastes |

身长约60～80厘米，居住在北非的沙漠地带。其特征是在易滑动的沙子上侧身前进，习惯藏匿在沙子中等待猎物。

骆驼
| Camelus dromedarius |

身长约3米，因适应干燥地区，从古代便被驯化成了家畜，充满脂肪的鼓包作为隔热材质可以阻挡阳光，有预防体温上升的效果。

地球博物志

岩画
| Rock art |

古人的信息

我们在洞穴或山地等地点发现了诸多古人描绘的岩画和浮雕，其中狩猎等日常生活与祭祀的场面较多，通过这些画我们能少许窥见古人的神话观以及世界观，但是对它们的破译却是极为困难的。这是人类最初创作的艺术作品，古人究竟想通过它们表达什么呢?

发现岩画的地区

此图中标明了岩画的所在地。既有在同一片场地中不同年份的作品，也有一些很难判断年份的作品。

阿尔塔米拉洞穴　　平图拉斯河手洞

拉斯科洞穴　　肖维岩洞

卡卡杜

阿杰尔高原

【拉斯科洞穴】
| Lascaux |

岩画"公牛大殿"充分利用了洞穴内的空间，其规模从墙壁侧面一直延伸到天花板，足够感受它磅礴的气势。从岩画残留的痕迹来看，古人应该是通过搭脚手架画到高处的。岩画中大部分动物都是一只一只分开画的，其中数只重合的部分应该是在不同的时期分别绘制而成的。

绘制岩画的想象图，古人应该是将动物的毛发或苔藓植物作为画笔绘制这些岩画的

数据		
地点 法国西南部	年代	18000年前左右

岩画充溢在洞穴内部，在牛角等处可以看到运用了透视法进行绘画

【肖维岩洞】
| Chauvet |

肖维岩洞可以追溯到32000年前至3万年前的旧石器时代，是欧洲已知的最古老洞穴岩画。岩画使用将颜料吹上去的喷墨法绘制了牛、马、狮子、猛犸象、犀牛等动物。有些学者根据年代的久远程度猜测岩画是由尼安德特人绘制而成的。

岩画特征为绘有犀牛、帮牛、马等各种动物

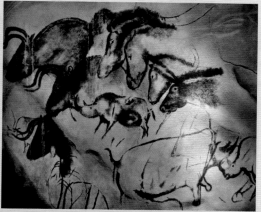

数据		
地点 法国南部	年代	32000年前—3万年前左右

【阿尔塔米拉洞穴】
| Altamira |

这幅岩画是在旧石器时代晚期绘制的，绘有帮牛、野猪、马、驯鹿等动物。岩画使用黄土、赤铁矿、碳等作为颜料。大部分岩画都在洞穴深处较为狭小的地方，似乎不是为了让人看见，而是作为一个祭祀的象征，带有浓烈的宗教色彩。

岩画利用墙面的凹凸处，体现出立体感

数据		
地点 西班牙	年代	18000年前—1万年前左右

【卡卡杜】

Kakadu

卡卡杜国家公园中有〇〇幅以上的岩画，这些岩画都是由澳大利亚土著民绘制而成。澳大利亚土著民大约45000年前开始居住在这里，岩画内容大约是土著民世代相传的传说与民间故事。岩画中也有欧洲帆船的出没，所以这些岩画的内容横跨了古代和近代。

描绘创造天地的祖先的岩画

据
点 澳大利亚   年代 不明（一部分为7000年前左右）

【阿杰尔高原】

Tassili n'Ajjer

位于撒哈拉沙漠的山脉上的岩画。根据岩画中动物与道具等可以推断出当时人类的生活，那里也曾有过生机盎然的时代。这些岩画在约8000年的时光之中，经手了各种部族。岩画的年份不同，主题与模样也有所变化。

数据

地点	阿尔及利亚东南部（撒哈拉沙漠）
年代	1万年前—公元前2000年左右

白色的巨人像中围绕着神秘的氛围，这应该是描绘了祭祀的场面

【平图拉斯河手洞】

Cueva de las Manos

画描绘了狩猎的场景，三层圈应该代表了太阳

平图拉斯河手洞因留有大量手印的洞穴岩画而闻名于世。创作这些岩画的人很可能是巴塔哥尼亚人的祖先，岩画中除了手印以外还有狩猎动物的场景以及几何图案等内容。这些岩画很可能是用矿物制成的颜料以骨质的管子吹上去的。岩画年份正是根据这些管子判断的。

大量的手印很可能是成人仪式等祭祀活动印上去的

数据

地点	阿根廷南部	年代	13000年前—9500年前左右

🔍 近距直击 ···

岩画劣化成为问题

岩画艺术，特别是使用颜料的岩画在接触空气后会发生劣化现象。日本奈良县高松冢古坟的岩画（7世纪—8世纪）因发生劣化现象成为话题。如今各国都在苦恼如何保存岩画。在拉斯科洞穴中，由观光客身上散发的热量以及二氧化碳的影响，使岩画发生了极速的劣化现象，在1960年不得不封锁洞穴。于是政府复制了一座同等规模的洞穴，在那里公开展示了岩画内容。肖维岩洞和阿尔塔米拉洞穴也逐渐开始限制公开参观。

复制拉斯科洞穴岩画的场景，现场只有取得许可的少数研究员可以进入

📝 新闻聚焦

岩画中描绘的女性是谁？

在洞穴岩画中手印的形状并不少见。2013年，美国考古学家迪恩斯诺在调查位于法国与瑞士的旧石器时代遗址的洞穴时，在比较了手印的手指长度后发现，其中四分之三都是女性的手印。手指的长度是具有性别差异的，比如大部分女性的食指与无名指几乎一样，但是大部分男性的无名指要更长，而在旧石器时代这种差异性要更加明显。一直以来我们普遍认为手印在岩画中相当于绘画者的署名，所以理所当然地认为这些岩画也是由进行狩猎的男性绘制的，但今后也要把手印含义考虑在内进行讨论。

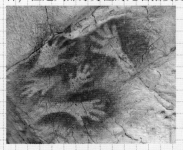
图中女性的手印较多，是否是岩画主人的署名？

美丽的冰川构筑的"海蒂的世界"

瑞士阿尔卑斯山脉
少女峰和阿莱奇冰川

2001 年被列入《世界遗产名录》，2007 年瓦莱州东北部也被追加列入《世界遗产名录》。

在瑞士阿尔卑斯山脉中央，欧亚大陆西部最大的冰川地带上耸立着少女峰、艾格峰以及僧侣峰等 4000 米左右的山峰，这么壮丽且优美的景色是在 6500 年前发生的地壳变动中诞生的。由冰、雪、岩石组成的风景向我们转述了冰川、山脉的形成以及气候变化等地球的历史。

瑞士阿尔卑斯山脉的绝景

横跨伯尔尼的三座山峰

从左边开始依次为海拔约 3970 米的艾格峰，4099 米的僧侣峰，4150 米的少女峰。这三座山峰都是能代表瑞士高山国家身份的名山。其中陡峭的艾格峰更是与马特洪峰、大乔拉斯峰并称为阿尔卑斯山脉北边的三大山峰。

阿莱奇冰川

阿莱奇冰川长约 23 千米，厚度约 900 米，是欧亚大陆最大且最长的冰川。阿莱奇冰川由三座冰川组合而成，广阔分布在少女峰的南侧。大约是受温室效应影响，自 1973 年以来阿莱奇冰川后退了 1250 米（由 2011 年的数据所得）。

耸立在格林德尔瓦尔德背后的少女峰
格林德尔瓦尔德作为一个村落，是瑞士阿尔卑斯山脉观光与登山的基地，也是讲述这片土地时必不可少的景观。讲述地球历史的阿尔卑斯山脉地区作为文学与艺术题材给予了欧洲文化极大的影响，现在作为一大观光地，95％以上的土地都保持了自然的状态，这在世界范围内都是极为少见的。

赫斯达伦现象

追寻北欧夜空中漂浮的不明发光体的真面目

从 30 多年前开始，在挪威的小山谷中多次发现不明发光体。这个现象被命名为赫斯达伦现象，全世界的科学家们开始探索它的真正面目。这难道是在溪谷的自然条件中产生的不明能量吗？

"那个……难道是不明飞行物吗？"

"怎么可能？不过它在 Z 字形移动，这究竟是什么？"

在 1981 年年末，挪威的山岳地带一个小山谷内，赫斯达伦的村民们看见了一个奇妙的发光体。这个发光体先是悄悄地在雪山的半山腰处探了头，然后开始缓慢地漂浮到夜空中，之后突然出乎意料地左右移动，然后又从容地跳起了舞。

之后的 84 年间，村民又多次目击了这样的发光体。甚至有报告指出，最多的时候这个不明发光体一周内出现了 20 次以上，至今人类已经看到了数百次这样的发光体。其中甚至有和汽车一样大的光球在天空中飞舞。

挪威东福尔郡大学的科学家们于 1983 年夏天成立了研究小组。之后将这一系列现象命名为"赫斯达伦现象"。1985 年以后这些神秘的闪光出现的频率降至一年 20 次左右，但是对其的观测现在还在进行。于是，我们逐渐清楚的事是——

对激光射线有反应的神秘闪光

科学家们将各种机器运至赫斯达伦。如红外成像系统、盖革计数器、磁力图表等。科学家们通过发射激光来检测发光体的速度，用光谱分析了其中含有的物质。

赫斯达伦是位于挪威首都奥斯陆向北约 4 千米的村落，村落中分布着几个牧场，还建有一些旅舍设施，这些设施都是为了探寻发光体而来造访的观光客建造的

分析结果发现：赫斯达伦的土壤中含有铁元素与硅元素，发光体在漂浮过程中没有发出任何声音，且温度不高。除此之外在发光体出现前，区域内的磁场也发生了微弱的变化。

虽然我们收集了大量的调查数据，但始终没有找到这些发光体的真面目。有研究学者猜测发光体是由某种原因气体离子化产生了等离子体，即便真的是这样，出现发光体也是极不可思议的现象。

自然产生的等离子体的光球直径 20 厘米到 40 厘米，存在时间不过 3 秒至 6 秒，通常为平衡移动。而在赫斯达伦出现的光球足足持续了 1 个小时才消失不见，运动轨迹也不是一定的。更为奇妙的是，在释放激光时发光体也会一闪一闪地闪光，就

发出青白色光的发光体会持续发光几秒到几分钟，最常见的黄色和白色的发光体会持续一个小时以上，甚至还能在溪谷上空缓慢地移动

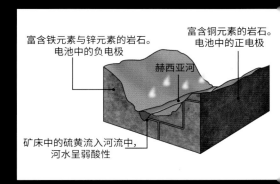

富含铁元素与锌元素的岩石。
电池中的负电极

富含铜元素的岩石。
电池中的正电极

赫西亚河

矿床中的硫黄流入河流中，河水呈弱酸性

对赫斯达伦的发光体出现的原因，意大利梅迪奇纳射电天文台的科学家提出了如图所示的假说。这片地区特殊的地质环境构成了一块巨大的天然电池，形成了等离子体

如同在答复我们一样。也有人紧张地认为"这果然是不明飞行物吧"，"里面一定有外星智慧生命""有可能那个发光体本身就是未知生物"。

如果真的是不明飞行物或未知生物，那么他们一直盘旋在赫斯达伦的溪谷上本身就是不太可能的。当然，也有人会回应"那一定是在定点观察我们人类"等说法。

发光体难道是天然的巨大电池产生的？

2009 年 12 月，在挪威北部的俄罗斯近海区域也出现了神秘的光团。发光体呈球形，突然出现后盘旋在夜空中。其目击者达到数千人，在当时成了一个世界性的

新闻。当时人们猜测这次的光团与赫斯达伦现象相同，是不明飞行物抑或者是未知能量的流言到处流传着。

不过后来人们了解到，这其实是因俄罗斯导弹发射实验失败而出现的光团。

至此，赫斯达伦现象的谜团还是未能解开，于是有人提出了"土地中的石英产生的电子积蓄在谷中，形成了强大的磁场，而等离子体应该就是在这个时候诞生的"这样的假说，不过目前还无法判断假说的真实性，因为要形成等离子体需要极高的温度与巨大的能量作为基础。

2014 年 5 月，出现了一个目前最有力的假说。这个假说是一个意大利学者提出的，他从 1996 年开始调查观测赫斯达伦现象，他以发光体就是等离子体作为前

提，把目光放在了形成等离子体的能源上。

"整个溪谷，就是一块天然的电池。"

溪谷一侧的岩石内富含丰富的铁元素与锌元素，对面那一侧富含丰富的铜元素，中间夹着赫西亚河（如图）。如果假设赫西亚河中溶有硫黄，那么这整个地形，与一块蓄电池有着相同的构造。通过采集岩石的样本后在实验室进行的模型实验中，两岸岩石之间的确出现了电流，点亮了电灯。

发光体的形成原因除了等离子体假说以外还有球状闪电的假说、放射性物质引起破坏的假说等，至今探讨出了各种可能性。大自然时不时也会跟地球上的我们开个玩笑。

Q 野生种进化到栽培种为什么需要这么久？

A 普遍认为麦子应该是经历了数千年才从野生种进化成栽培种。可是古人明明知道栽培种更加优秀，为什么不马上就全部改种栽培种呢？因为如果只栽种一种植物，只要发生病害，种植的植物将会全部感染。即使是现在的传统农业，为了防止病害与昆虫造成的损失也会混合栽种农作物。有可能古人也是通过栽种多种植物避免被全灭的风险。

Q 日本的绳文时代与西亚的农耕社会的差异是？

A 在西亚地区，在森林定居的人类首先开始了农业耕作。但是在日本，绳文时代的定居生活中并没有出现大规模的农耕，而是停留在基础的狩猎采集行为。这有可能是因为日本森林茂密，海洋资源丰富，而且没有适合的动物可以驯养，所以当时的日本并不需要进行农耕。

日本青森县三内丸山遗址，是日本绳文时代的代表性遗址

Q 日本的鸟取沙丘是沙漠吗？

A 人们在提到沙丘时往往会下意识地联想到沙漠。不过沙漠的形成条件之一是要在干燥地区，但是日本属于降水较多的地区，并不存在干燥的情况，因此鸟取沙丘并不是沙漠。沙丘是因风力搬运作用堆积而成，在沙漠以外的地方也可以形成。鸟取沙丘是河川将山地沙尘搬运到海中，再通过季风将海中的沙砾搬到沙滩上形成的。

从日本海一侧观察到的鸟取沙丘

Q 阿杰尔高原的岩画中描绘的是否是外星人？

A 在阿杰尔高原的岩画中有一幅仿佛描绘着一个人身穿宇航服在宇宙中遨游的岩画，其中最具话题性的是这幅岩画中的人物是否是外星人。不过我们发现这类岩画大部分都是从不同的方向绘制而成的，当时的人类在绘画时并不会考虑角度问题，因此会产生一种人物在无重力情况下在宇宙中遨游的景象。

图片中类似头盔的部分应该是装饰着羽毛的头巾

古代文明产生

5300 年前—现在
[新生代]

新生代是指从6600万年前开始持续至今的时代。在这一时期，哺乳动物、鸟类以及被子植物等取代中生代的恐龙，迎来了全盛时期。不久，在它们之中，一个新的角色隆重登场，那就是我们——人类。

第 37 页　图片 / PPS

第 39 页　插图 / 加藤爱一 描摹 / 斋藤志乃

第 41 页　图片 / PPS

第 42 页　图片 / 阿拉米图库

　　　　图片 / 小泉龙人

　　　　图片 / PPS

　　　　图片 / aja

　　　　本页其他插图均由斋藤志乃提供

第 43 页　图片 / 图片图书馆

　　　　插图 / 斋藤志乃

　　　　本页其他图片均由 PPS 提供

第 45 页　插图 / 斋藤志乃

　　　　图片 / PPS

第 47 页　图片 / PPS / PPS

　　　　图片 / 上牧佑

第 48 页　图表 / 三好南里

　　　　本页图片均由 PPS 提供

第 49 页　图片 / PPS

　　　　图片 / 上牧佑

　　　　图表 / 三好南里（参考了联合国人口基金东京事务所官网）

第 51 页　图片 / PPS

第 52 页　图片 / PPS

　　　　图表 / 斋藤志乃（根据 IPCC 第 5 册报告书制成）/ 斋藤志乃（根据 IPCC 第 5 册报告书制成）

第 53 页　插图 / 真壁晓夫（根据日本的阻止全球变暖推进机构官网制成）/ 真壁晓夫

　　　　图片 / PPS

第 54 页　插图 / 真壁晓夫（根据 IPCC 第 5 册报告书制成）

　　　　图片 / PPS / PPS

第 56 页　图片 / 朝日新闻社

　　　　图片 / 图片图书馆

　　　　图片 / 朝日新闻社 / 朝日新闻社

　　　　本页其他图片均由 PPS 提供

第 57 页　图片 / 图片图书馆 / 图片图书馆

　　　　图片 / PPS

　　　　本页其他图片均由朝日新闻社提供

第 58 页　图片 / 斋藤志乃

　　　　图片 / PPS

第 59 页　图片 / PPS

第 60 页　图片 / PPS

　　　　图片 / Aflo

　　　　图片 / 123RF

第 61 页　图片 / PPS

第 62 页　图片 / PPS / PPS

第 63 页　图片 / PPS / PPS

第 64 页　图片 / aja

　　　　插图 / 斋藤志乃

　　　　图片 / PPS

　　　　图片 / 遗产图片公司 / 阿拉米图库

			现在
新生代	第四纪	全新世	
			1.17
		更新世	
			258
	新近纪	上新世	
			533
		中新世	
			2303
	古近纪	渐新世	
			3390
		始新世	
			5600
		古新世	
			6600 (万年前)

—顾问寄语—

国土馆大学伊拉克古代文化研究所合作研究员　小泉龙人

聚集人类智慧的文明

至今为止，人类一直以城市和国家为中心构筑文明社会。

文明社会能提供便利与多样的生活，但也存在种种不公及环境破坏。

所以我们不能否认文明社会所给予的舒适生活的背后也存在消极的一面。

且我们简单浏览一下文明社会所拥有的光与影。

35

巨大的里程碑

人类曾经

现代人类诞生于约 20 万年前，当时的人类已经进化到其他生物不能企及的程度。人类在 1 万年前开始农耕活动，之后在 5300 年前孕育了文明的萌芽。以埃及、美索不达米亚为首的文明发祥地留下了大量的建筑物，即使在数千年后的今天，也还在向世间传达着他们曾经的辉煌。人类在那之后依旧飞速发展着。但是随着人类的生存发展，环境也受到了巨大影响。人类拉开了文明的帷幕，同时，环境也开始遭到破坏。

位于埃及吉萨的三大金字塔

"吉萨的三大金字塔"是指耸立在吉萨高地的胡夫金字塔、哈夫拉金字塔、孟卡拉金字塔。其中最大的金字塔是现在约 137 米高的胡夫金字塔，比初建成时低了 10 米左右。三大金字塔都是在公元前 2500 年左右建造而成的，其建筑的精准度和技术与 4500 年后的今天相比也不遑多让。

古人的智慧与团结的力量

吉萨位于古埃及尼罗河西岸。公元前2680年左右，在这片土地上建起了无数个巨大的建筑物，那便是所谓的法老陵墓——金字塔。虽然约有1万人参与修建，但在没有现代机械的年代，仅凭人力就把平均2500千克的石块堆成了一座座金字塔。与地球的历史相比，人类存在的20万年只不过是短短一瞬，但依旧向世间展现了极高的进化程度。

建设中的哈夫拉金字塔　　　建成的胡夫金字塔

为了承载石材的橇和滚轴更加容易滑行
在前方撒上液体的人

古代文明的出现

大河流域的肥沃土壤中诞生的文明

人类为了生存不得不绞尽脑汁，在这个过程中人类孕育出了文化，不久文明便萌芽了。而文明最初的萌芽是在西亚与东亚各地的大河流域中出现的。

大河流域建立了人类文明的基础

公元前3000年左右，在美索不达米亚南部（现伊拉克南部）的土地上开出了世界最早的文明之花。不久之后在埃及也诞生了文明。又过了一段时间，在以现在的巴基斯坦、印度和阿富汗为中心的地区以及古代中国也相继出现了文明的影子。这些文明都有一个共同点，他们的繁荣都建立在大河流域。

文明是指城市化进程中以国家的政治体制为基础，经济与技术高度发展的状态。

文字、货币、日期、长度和重量标准的度量衡等都是由古代文明孕育而出的。这些无论哪一个都是现代文明中不可或缺的。

在文明出现的地区开始形成城市，进而出现统一的国家。国家的出现不仅充实了道路、公共设施、水利设施等城市的基础设施，也催生出了法律。所以我们可以得知，现如今人类生活和社会状态的基础几乎都是在古代文明中建构而成的。孕育出文明的人类走向了与其他生物完全不同的道路，逐渐筑起属于我们人类的历史。

人类真是用迅猛的气势实现了进化啊。

巴比伦城与其周边
建于公元前 625 年的新巴比伦帝国的景象。图中描绘了向着首都巴比伦城行进的士兵和在附近耕地的人们。

近距直击

美索不达米亚与印度河之间的来往

　　交易行为在古代美索不达米亚文明与古代印度河流域文明之间已经出现了。在现在的阿富汗等地开采出的青金石与光玉髓等宝石在美索不达米亚的统治阶级中都是极为贵重的物品。交易时印度河流域的商人们会用杆秤与秤砣测量重量。

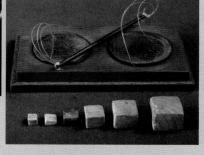

（左图）红色的光玉髓（红玉髓）与蓝色的青金石在美索不达米亚作为装饰品极受欢迎
（右图）印度河流域标准化的度量衡，现在还留有石制秤砣与铜制秤盘，这些都用于与美索不达米亚人的交易中

古代文明的出现

现在我们知道！

对于地球和人类来说，文明的诞生具有两面性

在5000年前就已经出现了这么发达的文明。

在人类诞生的约20万年里，我们为了能在地球的自然环境中生存下来，渐渐地掌握了许多技术与能力。

人类为了抵御狂风暴雨与严寒酷暑，建造出了房屋，为了有充足的食物来源，开始了农业耕作与家畜饲养。不仅如此，人类的领地还扩张到了河川流域中土壤肥沃的低地平原地带，人类设计出排水管等灌溉设施，增加谷物的产量。

农业与畜牧业的生产能力得到提高后，就产生了粮食富足的部落，进而形成了具有城市性质的场所。最后，在这个部落就会绽放出文明之花。

古埃及文明

戈贝阿拉克刀刃柄(公元前3300年—公元前3200年)这把刀是由打火石制成的刀刃和河马牙齿制成的刀柄所组成的一件奢侈品，从刀刃处的打火石中可以看到高超的加工技术

公元前3000年左右
上下埃及统一，第一王朝建立
确立了以古埃及象形文字为基础的文字体系
在莎草纸上书写了文字

公元前2560年左右 第四王朝的胡夫王用20年时间在吉萨建成了金字塔

公元前2340年左右
第五王朝的乌尼斯王在金字塔内部的墙壁上雕刻了宗教文书

书记坐像(公元前2600年—公元前2350年)

图坦卡蒙王的木乃伊戴着黄金的面具

公元前1500年左右
国王谷成了法老王们的墓地

公元前1390年左右
阿蒙霍特普三世时，王朝迎来了最为繁荣的时期

公元前1333年 图坦卡蒙即位

公元前1279年 拉美西斯二世即位
建造了很多巨型石像和神殿

图坦卡蒙王的财务大臣使用过的尺子

公元前663年左右
亚述占领了古埃及

公元前332年
马其顿王国的亚历山大大帝统治了古埃及

公元前30年
克娄巴特拉七世的自杀，终结了古埃及王朝

美索不达米亚文明

公元前3300年左右 世界最早的城市诞生，楔形文字开始使用

公元前3100年左右
由苏美尔人建立的城邦形成

这座牡山羊像是由青金石与黄金等金属所造，是乌尔王朝的国宝之一

公元前2500年左右
建立了乌尔第一王朝

喜欢音乐、游戏的王族们过着非常富饶的生活

公元前2112年—公元前2006年
乌尔第三王朝

公元前1792年—公元前1750年
古巴伦王汉穆拉比制造法典碑

公元前1595年 赫梯(穆尔西利一世)占领了巴比伦

石碑上用楔形文字刻有为了保护社会秩序而编写的的文书

公元前1000年左右 新亚述帝国蓬勃发展

公元前539年 阿契美尼德王朝居鲁士二世占领了新巴比伦帝国

公元前331年
马其顿的亚历山大大帝进入了巴比伦地区

位于巴比伦城的巨大伊西塔城门，因表面上附着釉彩，如今颜色依旧鲜艳

象征文明之物

美索不达米亚、古印度、古埃及以及中国这四大文明古国虽然相隔甚远，但有着共同点。

比如为了维持不断增长的城市人口，需要政府机构能够制订一种更为高效的粮食生产模式与合理的再分配制度。于是，就需要社会形成国家这种统治机关。之后再以举国之力建设庙塔、金字塔等巨大建筑物，社会中的职能开始分化，出现了贫富差距。

部落将富余的谷物与其他地区进行物物交换，进而将其发展成了交易活动。为了记住交易的物品与数量等庞大的信息，人类发明了记号和道具用来辅助记忆，这与之后文字的起源息息相关。

让我们简单概述一下古代文明吧。

🔲 古代文明的产物

文明通常以铜或青铜等金属器具为基础发展而来，所以以石器和陶器为主的狩猎文化，比起农耕文化更容易发展成程度较高的城邦文化，在城邦会有比之前更高的生活品质。

文字的使用

商朝时的甲骨文，当时甲骨文通常刻在牛和鹿的肩胛骨或者龟背上。

圣塔

这座圣塔位于伊拉克苏美尔地区的沃尔，是最古老的梯形圣塔(塔庙)。这座圣塔高约15米，塔底部分为64米乘以46米的长方形。

日期

普遍认为，现在的太阳历来自古埃及的日历，一年为365天。图为托勒密王朝(公元前304至公元前30年)康翁波神庙的日历浮雕。

古印度文明	中国文明	（公元前）

图为摩亨佐·达罗，古印度文明最大的城市遗址中的公共浴池，古印度人在这里进行洗礼仪式

3500年

商朝青铜器，在当时青铜器作为礼器极受重视

公元前2600年左右
在古印度，文字的使用较为普及
摩亨佐·达罗和哈拉巴等地建起了城市规划较好的城市

3000

商朝的玉制坠饰，玉器是中国文明特有的艺术形式

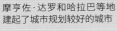

因度量衡的普及，出现了天平与秤砣

在摩亨佐·达罗出土的神官像。神官像从服装、发型和胡须等能够看出，是在当时社会中地位较高的人物

2500

公元前2000年左右
与海湾地区之间的交易行为蓬勃发展

公元前1800年左右
文明开始衰退

公元前2000年左右 出现城墙，夏朝建立（现河南省）

2000

公元前1500年左右
雅利安人进入旁遮普地区

公元前1600年左右 建立商朝（现河南省），甲骨文开始被使用，青铜器开始被铸造

1500

公元前1000年左右
雅利安人进入恒河流域

在当时流行的与国际象棋相似的游戏

公元前770年
周朝将首都迁于洛邑（洛阳），普及使用铁器，生产力较高，诸侯国实力强大

1000

公元前500年左右
佛教诞生

公元前326年
亚历山大大帝的军队入侵印度河流域

公元前403年左右 战国时代
战国七雄（秦齐燕楚韩魏赵）
公元前221年 秦朝统一中国
秦始皇建立了第一个中央集权制的国家
公元前214年 华北地区开始构建长城
公元前206年 秦朝灭亡
公元前202年 刘邦打败项羽，建立汉朝

秦始皇下令建造的约8000具兵马俑[注1]

500

美索不达米亚文明的特点是以乌鲁克城为首的城邦之间的竞争关系。乌鲁克城是由苏美尔人建立的世界最早的城市。美索不达米亚文明的城市以祭祀城邦神的神庙和王宫为中心进行发展，在之后还发展出了庙塔（圣塔）。

古埃及文明的特点是神化了法老。有着独特生死观念的古埃及文明，为法老修建了作为陵墓的巨大金字塔和狮身人面像[注2]。因为古埃及人相信灵魂能够回到肉身复活，所以制作了木乃伊保护肉身。

古印度文明的特点是比起军事力量，更加注重祭祀仪式。在城市规划极为科学的摩亨佐达罗、哈拉巴等城市中出现了统一的度量衡，积极发展了交易活动。遗憾的是，在四大文明中古印度文字是唯一还未破译的。

中国文明的特点是使用甲骨文、玉器、青铜器，以都邑（用城墙围起来的城邦）为中心进行发展。中国著名的长城是由建

立了中国第一个大一统国家的秦始皇所修建的，不仅如此，在始皇陵中还埋有大量的兵马俑。

文明诞生时的附属品

古代文明的起源不仅是人类史上值得纪念的壮举，也象征了人类的进化。只不过在进化的另一面，人类也在持续地对地球环境进行破坏。为了克服自然环境中的不便之处，造就更加舒适的生活，人类开始引水灌溉，砍伐树木，开采矿石建造房屋。这的确达到了目的，但同时也破坏了自然环境。时间的流逝并没有让破坏减轻，相反与迅速发展的人类文明一同，破坏愈演愈烈。也许在古代谁也不会想到，人类的进化原本是为了克服自然环境，结果却破坏了自然环境，并且这种破坏已经到了威胁人类生存的地步。

四大文明

四大文明虽然出现的时期各不相同，但每一个都是建立在大河流域。美索不达米亚文明是在底格里斯河与幼发拉底河流域，古埃及文明是在尼罗河流域，古印度文明是在印度河流域。中国文明是在黄河流域等。从上古时代，人类就已经知道生存所需的资源不仅仅靠农耕和畜牧就能满足，水资源也是非常重要的资源之一。

美索不达米亚文明 中国文明
古埃及文明 古印度文明

现代灌溉设施

美索不达米亚文明采用了暗渠这种高级的地下水渠的灌溉系统，运河是围着城邦所开凿的。图为在叙利亚的幼发拉底河流域中栽种的豆类植物。

科学笔记

【兵马俑】 第43页注1

俑是指陪葬用的偶人。在古代为了侍奉死者，烧制士兵、官吏、乐师等形象的陶人。兵马俑主要以士兵和战马为主，颜色曾经非常鲜艳。

【狮身人面像】 第43页注2

在古埃及、希腊、美索不达米亚神话中有出现了狮身人面像，它既被看作神圣的存在，也被看作怪物。古埃及神话中的狮身人面像作为神圣的存在，有带着兜帽的法老的头部与狮子的身体。

43

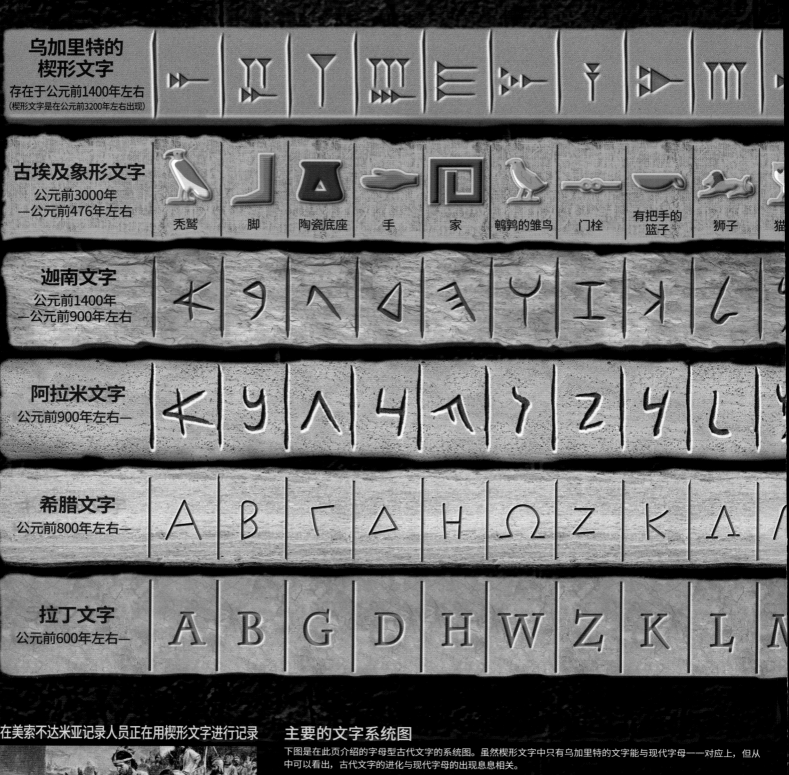

| **乌加里特的楔形文字** 存在于公元前1400年左右 （楔形文字是在公元前3200年左右出现） | | | | | | | | | | |

| **古埃及象形文字** 公元前3000年—公元前476年左右 | 秃鹫 | 脚 | 陶瓷底座 | 手 | 家 | 鹌鹑的雏鸟 | 门栓 | 有把手的篮子 | 狮子 | 猫 |

迦南文字
公元前1400年—公元前900年左右

阿拉米文字
公元前900年左右—

希腊文字
公元前800年左右—

A B Γ Δ H Ω Z K Λ

拉丁文字
公元前600年左右—

A B G D H W Z K L M

在美索不达米亚记录人员正在用楔形文字进行记录

主要的文字系统图

下图是在此页介绍的字母型古代文字的系统图。虽然楔形文字中只有乌加里特的文字能与现代字母一一对应上，但从中可以看出，古代文字的进化与现代字母的出现息息相关。

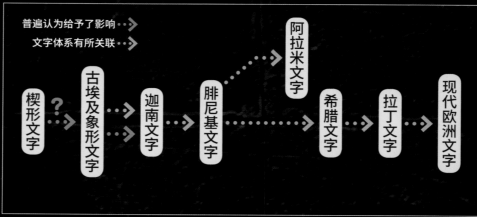

普遍认为给予了影响 ·····>

文字体系有所关联 ·····>

楔形文字 **?**→ 古埃及象形文字 → 迦南文字 → 腓尼基文字 → 阿拉米文字

腓尼基文字 → 希腊文字 → 拉丁文字 → 现代欧洲文字

原理揭秘

发展成字母的古代文字体系

楔形文字

楔形文字是公元前3200年中期时由苏美尔人发明的绘画文字，是将芦苇草的前端削成楔形，压在泥板上而形成的文字。这种文字最初是竖着书写，之后向左转了90度的横写成为主流。汉穆拉比王的法典碑采用了竖写。普遍认为在公元前1400年左右的乌加特使用的楔形文字是组成字母的重要元素。

叠起来的布　有角的毒蛇　嘴巴　切成两半的面包

埃及象形文字

埃及象形文字是指在古埃及的神庙或金字塔内部石壁等刻写的一种文字。于公元前3000年左右开始被使用，在公元前400年左右衰亡，存在了大约3000年之久。作为神之子的王在统治国家时使用的文字，被传拥有神圣的力量，也被称为圣书体。此外，古埃及也使用僧书体（神官文字）和民书体（民众文字）。虽然文字种类分多样，但其实都是从埃及象形文字中发展而来。

迦南文字

原始迦南文字出现于公元前1500年左右，是以东地中海地带为中心活动的迦南人所使用的辅音文字。腓尼基文字就是由迦南文字发展而来的。发现于埃及南部瓦迪耶尔，起源于圣书体文字的霍尔文字和西奈半岛的古西奈文字都与迦南文字都有着很深的关联。而且现在我们普遍认为现代的字母起源于迦南文字。

阿拉米文字

阿拉米人在公元前1000年左右创造出了阿拉米文字，阿拉米人在现在的叙利亚地区过着游牧生活，且负责与周边地区进行交易。普遍认为阿拉米文字源于腓尼基文字，在公元前700年左右，阿拉米文字逐渐取代了原本被使用的楔形文字。阿拉米文字的特征是没有表示母音的字母。根据时代和地域的不同衍生出了许多字形，阿拉伯文字与希伯来文字也是从中演变而来的。

希腊文字

普遍认为，在公元前800年左右，古希腊人以腓尼基文字作为基础创造了希腊文字。最初的希腊文字的书写方式是从右往左，但后来变成了"牛耕式"（若第一行是由左到右书写，第二行则由右至左书写，下一行又是由左至右，这就像牛耕地时的路线，所以叫牛耕式）的转行书写方式，最后基本固定成从左向右的书写方式。而字母的英文alphabet就是源于24个希腊字母中第一个与第二个字母，α（alpha）与β（bet）。

拉丁文字

拉丁文字是在公元前600年左右，由希腊文字发展而来的，与现在的26个字母不同，最初只有21个字母，是现代字母的一种，也被称作罗马字。原本是为拉丁语服务的文字，但现在在欧洲、亚洲及非洲的一部分地区都有使用。现在根据地区的不同，也有在拉丁文字的26个字母的基础上添加其他文字的情况。

🔍 近距直击 ● ● ●

还未被破译的古代文字

　　现如今还有未被破译的古代文字，比如古印度文字。

　　因为没有任何与其他已被破译的古代文字并记的双语文献资料，所以如今还无法阅读。同样还未破译的文字有古代克里特岛使用的线形文字 A 和腓尼基人所在的城邦比布鲁斯（黎巴嫩）所用的比布鲁斯文字。

古印度文字的下面描绘着独角兽和草料桶

　　文字的诞生与城市的发展有着极为密切的联系。为了记录汇集在城市的物品与情报，人们把口语做成绘画文字型的记号，将情报记录在备忘录（笔记）中。之后国家等政治机关需要记录、传达更加庞大的情报，于是为了更加顺利地进行交流，依赖口语音节的表音文字不断发展。美索不达米亚地区诞生了第一个表音文字与楔形文字。让我们看一下这些古代文字与现在的字母是如何对应的吧。

工业革命

工业化改变了地球与人类社会

在文明萌芽的 5000 年里，人类的智力不断进化，在工业技术领域完成了划时代的飞跃发展。工业革命以英国为首，逐渐传播到了各个国家。

社会形态从农业社会转变为工业社会

18 世纪后期，英国迎来了社会的巨大转型期。在这之前，国家的产业中心都是以农业为主，大半的人口都集中在农村地带。但随着工业发展，人口不断向城市涌入，城市中诞生了工人，社会形态也从农业社会转型为工业社会。

当时，人类发明出具有划时代意义的工具与机器，将其导入棉纺织业中，使生产力得到了突飞猛进的发展。再加上新能源——蒸汽机的出现使棉纺织业的生产效率更上一层楼。以煤作为燃料的蒸汽机同样在交通方面大肆活跃，诞生了能够运输大量货物与乘客的蒸汽火车。

因此，英国 18 世纪后期到 19 世纪前期由于工业化产生的社会与经济方面的革命称为"工业革命"，这个大家熟知的词语最初是由英国的经济学家阿诺德·汤因比提出，但最近几年，较多的人开始更加严谨地称其为"机械化"或"工业化"。

在燃料以煤为主的工业社会，人类正式开启了使用化石燃料等地球资源的时代。

工业革命正式确立了工人阶级在工厂劳动的模式。

工厂里的缪尔纺织机

19世纪前期工厂中的情景。工业革命的特点之一是纺织业的机械化。缪尔纺织机改良了原有的纺织机技术，可以用更加纤细、结实的线进行纺织，效率上也产生了一个质的飞跃。

蒸汽机引发的动力革命

工厂普及机械化后，蒸汽机的发明推动了工业革命的出现。蒸汽机的功能原本只是汲取挖煤时涌出的大量水分，但之后在纺织工厂的能源和蒸汽火车的驱动力上也能见到它的身影。

纽科门蒸汽机

在1710年由托马斯·纽科门发明的蒸汽机（常压蒸汽机）。

瓦特蒸汽机

詹姆斯·瓦特发明的蒸汽机因使用煤作为燃料，大大提高了热效率。图为1800年的左右旋转式蒸汽机。

现在我们知道！
金融大国在工业革命中的发展

英国别具一格的风景与工业革命有着很深的关联。

英国的丘陵地带

工业革命之前，英国为了发展农业与煤炭开采业，大面积破坏森林地带，但在破坏后没有进行相应的植树育林，所以现在丘陵地带大多没有再生出森林。

英国成为世界上首先发起工业革命的先驱者，是多种因素交织在一起的结果。1763 年签订的《巴黎和约》，确定了英国在印度以及北美殖民地的霸权地位。当时，"支配了七大洋"的英国拥有广阔的殖民地作为市场来发展贸易，在国内汇聚了大量财富。因此，以纺织业为中心的大规模机械化和蒸汽机引发的能源革命即工业革命发起之际，英国有足够的资金投入到机器的大型化与大量生产等设备上。再加上拥有殖民地广阔的市场，商品可以说是供不应销。

不仅如此，当时在农业方面英国独创了轮作等耕作方式，使生产量大幅度提高，靠更少的人也能生产出比以前更多的农作物。农村的人口涌向了城市，成为支撑工业化发展的劳动力。

煤炭冶铁法

工业革命能够发展的重要原因之一是燃料从木炭变成煤炭。在工业革命之前，英国为了发展冶铁业与金属工业等，大量砍伐树木，以获取木炭作为燃料，这使森林面积大幅度缩小。在木炭资源接近枯竭时，煤炭作为新的能源在工业社会中登场，延展了机器能源的可能性。

从此，开采煤炭成为重要的工业之一，而挖掘煤炭时会涌出地下水这一困扰也被蒸汽机完美地解决了。不仅如此，煤炭也成为冶铁时不可欠缺的原材料之一。英国能够大量炼出质量较好的铁，是因为他

们发明了用高温烧制煤炭后产生的焦炭来进行冶铁等新的冶铁法。不久在英国就造出了世界上第一座铁桥。冶铁方式发生变化后，煤炭的消耗量快速增加。从铁道、运河等为了运输煤炭而逐渐发达的交通网络，到私宅中供暖设施的变化，与以前相比，大量生产煤炭令人类生活发生了巨大的改变。

不断挖掘化石燃料的人类

英国工业革命出现后，实力强盛的诸多欧美国家和日本等国也陆续出现了工业化现象。与农业社会相比，工业社会展现出了完全不同的色彩。比如，批量生产及大规模消费后，确立了资产阶级和工人阶

○ 英国煤炭产量的变化

工业革命后，英国的煤炭产量在20世纪初期迎来了最大值。在煤炭开采的历史中，出现了强制人类和牲畜进行过度劳动的情况。

(百万吨)

开采化石燃料

人类曾经尝试用各种方法开采化石燃料。左图为在加拿大温哥华堆积如山的煤炭。下图为中东沙特阿拉伯运输石油的输油管。输油管连接了油田与石油加工厂。

英国工业革命年表

支撑英国工业革命的是纺织业、蒸汽机以及机床等领域中划时代的发明与技术革新。
（出自裳华房出版社《工业技术志》）

1709	达比一世发明了焦炭炼铁法。（焦炭炼铁法与原有的炼铁方式相比，能够去除铁中更多的杂质）
1710	纽科门发明了用于矿井排水的蒸汽机。
1733	约翰·凯伊发明了飞梭。
1735	达比二世成功地在稳定的焦炭高炉中炼出生铁。
1761	布里奇沃特公爵下令建设的运河完成。
1764	哈格里夫斯发明了珍妮纺织机（多锭纺织机）。通过旋转手纺车，可以让多个纱锭（将纤维聚拢成线的工具）同时运作，极大地提高了生产效率。
1769	卡特莱特发明了水力织布机。瓦特改良了蒸汽机，获得了专利。
1779	克伦普顿发明了缪尔纺纱机。世界上第一座铁制桥，科尔布鲁克代尔桥（俗称铁桥）。
1785	卡特莱特发明动力织布机。1789年时，瓦特蒸汽机的采用，将纺织业的机械化与蒸汽机引发的动力革命结合在了一起。
1807	在伦敦安装了煤气灯。
1825	开通了斯托克顿—达林顿铁路。
1829	斯蒂芬孙用"火箭号"参加了乘客铁道蒸汽火车的比赛，并获得了第一名。
1830	开通了利物浦—曼彻斯特这一段商业铁路。
1839	内史密斯发明汽锤。
1844	钢铁船"大不列颠号"横穿大西洋。
1845	英国迎来了铁道建设的鼎盛期。
1851	在加莱和多弗之间铺设了世界上第一条海底电缆。
1856	英国在伦敦举办了世界历史上第一次万国博览会。

梭是用来收纳纱线的容器。在这之前，织布时需要来回移动梭子的工人，但飞梭取代了移动梭子的工人，一个织布工人就能以极快的速度织出更好更宽的布。

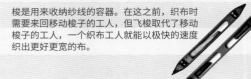

英国最初的人工运河，开凿的目的是为了运输煤炭，利用运河不仅能够运输大量的煤炭，也使得运输费用大幅度削减

卡特莱特发明的水力织布机，由河川的水力驱动。从以往的人力织布进化到水力织布，可以更快速地用更结实的线来织布

英国大铁桥，建造目的是为了运输煤炭和铁到河对岸

"火箭号"

内史密斯发明的汽锤，由蒸汽机作为动力的汽锤，都使得金属加工变得更加容易

伦敦世界博览会的展览馆水晶宫

贝塞麦转炉实现了钢铁的批量生产

级的阶级属性，还有种族歧视观念，之后又相继提出了以近代国家的形成与全球价值观为基础的自由竞争主义。工业革命给予现代社会的影响是无法估量的，其中并不只有进步发展的积极的一面，也同样有资源问题等消极的一面。

工业革命后人类以煤炭作为开始，相继开采使用了石油天然气等化石燃料。化石燃料是地球生物的遗骸堆积了数亿年而形成的。对于人类来说，那是一笔相当可观的财富，但也并不是取之不尽用之不竭的。工业革命后的约三百年里人类为了追求富饶与便利的生活，只是一味地去消费这笔财富，殊不知资源已经接近耗尽的边缘

了。为了地球的未来，资源问题已经成为人类迫在眉睫的课题之一。

此外，另一个课题便是环境问题。化石燃料燃烧时，会产生大量硫化物与氮氧化物，它们不仅会引发支气管哮喘等危害人类健康的疾病，还会导致大气污染问题

和酸雨引起的森林破坏等问题，这些问题一年比一年严重。在环境问题之中，温室效应也是同样不能忽略的问题之一。我们认为，大气气温以及海洋平均温度长期性的上升也是燃烧化石燃料造成的。

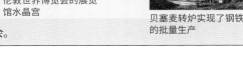

世界人口变化

自现代人类（智人）诞生以来，人口一直在缓慢增长。但工业革命后，从进入19世纪开始一直到21世纪，人口增长速度变快，尤其是在19世纪末期出现了"人口爆炸"。据预测到2050年，世界人口可以轻松地突破90亿，这也可以看作是人类成功进化的证明。

温室效应

感觉地球的气候变得有点奇怪呀。

我们居住的地球开始逐渐变得温暖

在地球 46 亿年的历史中，变暖现象并不少见，但是地球现在面临的变暖与之前稍有不同，因为这次是由人类活动而诱发的。

人类活动带来的是什么?

在 20 世纪后半叶，如何应对温室效应被提上议程。

1998 年，国际组织"联合国政府间气候变化专门委员会"（IPCC）成立。创建 IPCC 的目的是基于全世界的温室效应研究者们的论文和观测数据，汇总温室效应的科学性认识。

对于温室效应的原因有很多种说法，2013 年，IPCC 发表的第五次评估报告中称"自 20 世纪中叶以来的温室效应很大一部分原因在于人类活动"，人类活动使大气中的二氧化碳等气体增加，是造成温室效应的原因之一。

获得诺贝尔化学奖的荷兰大气学家保罗·克鲁岑认为，在 18 世纪时，因工业革命后人类极大地影响了地球的气候及生态系统，所以把这个时期称作"人新世"。

人类在取得了高度的文明后，从工业革命开始通过持续消耗能源而繁荣发展起来，温室效应可以说是繁荣的代价。时至今日，终于到了我们人类认真思考地球环境的时候了。

冰量减少
高纬度地区冰量的减少是温室效应造成的恶劣影响之一，这也威胁了北极熊和海豹等极地动物的生存。

现在
我们知道！

温室效应不只带来了气温上升，还出现了其他影响

海平面上升带来的影响

图瓦卢是位于南太平洋的珊瑚礁岛上的国家。因最高海拔不到五米，所以在大潮和满潮时，如左图所示城市街道会有一部分浸入水中。如果海平面持续上升，该国国内领土将全部浸入海中。

下图为表示海平面变化的表格，图表中不同颜色代表了不同的数据来源，浅色阴影表示数据的波动范围。

温室效应是如何造成的呢？首先让我们了解一下它的原理吧。

地球受到太阳光照射后会变得温暖，热量以红外线的形式再次释放到宇宙中，红外线悉数释放后，地球表面温度大约在零下 19 摄氏度左右。

但是在大气中，二氧化碳和氟氯碳化物[注1]等气体会吸收地球表面

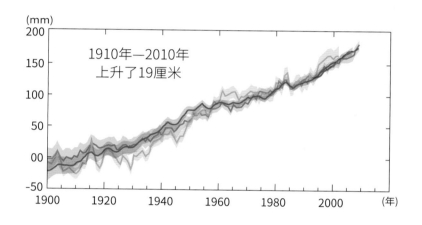

1910年—2010年
上升了19厘米

地球二氧化碳浓度与平均气温的变化

下图表格以三个阶段来表示过往气温与二氧化碳浓度的变化。上面的图为过去100年间的变化，中间的图为过去1000年间的变化，下面的图为过去80万年间的变化。中间的图用阴影表示气温变化幅度。从中我们得知，现在的二氧化碳浓度上升的速度究竟有多快。

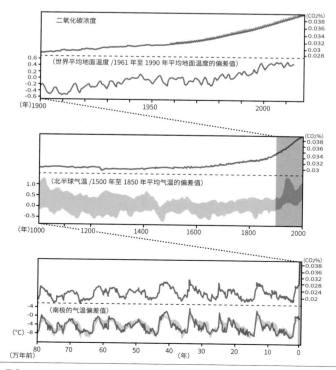

释放的一部分红外线，之后再释放回地表，所以地球的平均气温大约保持在 15 摄氏度左右。人们把这类气体统称为温室气体。大气中的温室气体增加后会吸收更多的红外线，所以回到地球表面的热量也增加了。温室效应不断增强，气温就会上升，地球变暖的进程就会加速。

二氧化碳浓度急速上升

自 18 世纪工业革命以来，工业化与机械化不断发展，人类开始使用大量的化石燃料。但是燃烧多少化石燃料就会向大气中排放多少二氧化碳。20 世纪后化石燃料的消费量加速增长，其影响之一就是到 2011 年为止，过去 100 年间二

观点 碰撞

温室效应已经被遏制住了？

2000 年以来世界平均气温只增长了 0.05 摄氏度，从图表来看是接近横向波动的状态。如果只以图表来看，很容易让人觉得温室效应已经遏制住了。而这个现象就是停滞现象。在近年的报告中我们发现，水深 700 米至 2000 米的海水温度大幅度上升。这很有可能是因为，地表的热量被深海区吸收，所以地面气温上升看上去像是被抑制住了。

温室气体的种类

由人类活动生产出的温室气体中，二氧化碳的排量排在第一，占排放量的 70% 以上，主要产生于火力发电厂与汽车尾气。此外，氟利昂由废弃的老旧冰箱或空调等电器产生，一氧化二氮则在使用化学肥料中产生。甲烷产生于牛等家畜排出的嗳气及开采天然气中。

氟利昂　二氧化碳

一氧化二氮　甲烷

温室效应的原理

大气中的温室气体将地表释放的一部分红外线再次折射到地表。左图为约200年前工业革命时的地球。这时大气中的温室气体使地球保持在适合的温度中。二氧化浓度约为28/100000。右图为现在的地球。大气中温室气体增加，吸收地表反射的热量也就越多，同理温室气体也将这些热量折射到了地表中。2013年二氧化碳浓度在4/10000以上。

释放热量　太阳光　吸收热量　大气层　温室气体

约200年前的地球

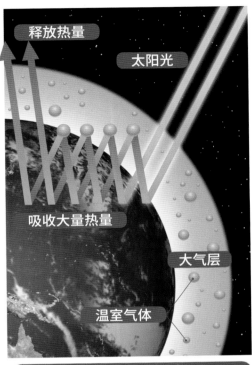

释放热量　太阳光　吸收大量热量　大气层　温室气体

现在的地球

氧化碳等气体浓度与之前相比极速增长。于是，从 1880 年开始的 130 多年中，地球的平均气温上升了 0.85 摄氏度。

温室效应的影响波及了各个方面。

在世界各地出现破纪录的酷暑，大雨与突如其来的局部暴雨还有被干燥笼罩的地区逐渐增加。这些极端天气给农业生产带来的恶劣影响是我们不能忽视的。海水温度的上涨导致海水变热膨胀，各地的冰河和大陆冰川融化，海平面上升，海拔较低的城市与岛国等受到被海水淹没的威胁。

除了人类以外，其他生物也受到了温室效应的影响。因冰川融化，北极熊与海豹等动物的栖息地受到威胁；因气温和水温的上升，有的海洋生物转移了栖息地；北半球的昆虫的栖息地也在不断北移。

日本冲绳县沿岸等地区，珊瑚礁因海水温度的上升出现了白化现象，海水的酸性化也是加剧白化现象的原因之一。因二氧化碳溶于水后呈现弱酸性，所以二氧化碳溶于海水后酸碱度降低，因此在海水中很难产生能够形成外骨骼的碳酸钙，而作为骨骼生物的珊瑚就成了最大的受害者。除此之外，贝类以及棘皮动物[注2]也是受害者。

二氧化碳浓度在增加首次被证实

美国化学家基林从 1958 年开始在位于美国夏威夷岛的莫纳罗亚火山的观测站对大气中的二氧化碳浓度进行观测。在他 1961 年时整理出的资料中显示，二氧化碳浓度呈现出长期性的增幅。

从基林曲线可以得知，在 1959 年时，二氧化碳的平均浓度在 0.0316%，2012 年则达到 0.03938%。

化学家
查尔斯·基林
（1928—2005）

科学笔记

【氯氟碳化物】第52页 注1

一般称为氟利昂。氟利昂中除了碳元素和氢元素以外，还含有大量氟、氯、溴等卤族元素，是人工合成的有机物之一。因为具有无毒、不易燃烧、易液化等特征，常被用作冰箱和空调的制冷剂和清洗半导体的溶剂。因为氟利昂会破坏平流层中的臭氧层，现在已经被禁止使用。

▣ 21世纪末，气温将会变成怎样？

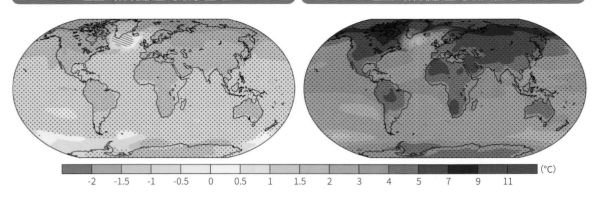

温室气体排放量为最小值时 温室气体排放量为最大值时

(°C)
-2 -1.5 -1 -0.5 0 0.5 1 1.5 2 3 4 5 7 9 11

左图是以从1861年至1880年的平均气温为标准，以气温上升幅度不超过2摄氏度为目标，使用各种手段来削减二氧化碳等气体的排放量、控制了温室气体的比重后，年平均气温的变化情况的预测图（如果以近年气温为标准的话平均气温上升大约1摄氏度）。右图为预测温室气体排放量为最大值时的气温变化情况，平均气温上升了大约3.7摄氏度。斜线部分是预测贴近事实，无法与自然的变化相区分的地区。点纹部分是预测与现实差别较大，能与自然的变化相区分，且与大部分气候模型同有一种（上升）趋势的变化。

温室效应对策

对于温室效应目前普遍存在缓和型与适应型这两种类型的对策。

缓和型是通过削减温室气体的排放量来减慢温室效应的进程，进而抑制温室效应，比如执行发达国家削减温室气体排放的《京都议定书[注3]》（在1997年通过）等手段。这需要全世界各个国家携手努力。

适应型是指通过整顿基础设施等，尽可能地避免温室效应带来的影响，比如为了防患大雨，在城市的地下配备巨大的排水沟或加强堤坝的作用，全面建设预警系统等。这需要地方政府各自的努力。

未来，科学技术也很有可能发展到足够能抑制温室效应的高度。关于这方面，就像克鲁岑认为的一样"由科学技术引发的问题竟然不能用科学技术来解决，实在是可悲"，所以他提议通过气候工程学阻隔太阳光来降低地球温度。

IPCC以近年的标准预测，大约在2100年时，地球平均气温最低会比现在上升0.3摄氏度，最高能上升4.8摄氏度。这个数字实际会如何变化呢？未来的地球环境完全取决于人类今后的生活方式。

热岛效应

热岛效应是指城市的气温比周边的郊区要高的现象。在地球平均气温逐步上升的同时，城区因热岛效应更加炎热。在日本，过去100年里中等城市上升了约1摄氏度左右，而大城市上升了约2摄氏度，在东京的市中心甚至上升了约3摄氏度。照片是位于英国首都伦敦的白金汉宫周边地区8月份气温热量图，伦敦周边8月份最高平均气温仅有23摄氏度，但黄色部分气温为30～35摄氏度。

科学笔记

【棘皮动物】 第53页注2
海胆、海参、海星和海百合等都具有碳酸钙骨骼。如果海洋中发生酸化，它们便很难形成碳酸钙，最终这些生物无法在那片海域生存，除此之外还有贝类等生物也面临着海洋酸化带来的威胁。

【京都议定书】 第54页注3
1997年12月在日本京都市，《联合国气候变化框架公约》（遏制温室效应条约）缔约国三次会议中通过的国际协定。此协定由各国决定发达国家的温室气体排放量标准，给予法律约束。从2008年至2012年第一个量化的限制和减少排放的承诺期内，日本与1990年相比排放量减少了6%，达到了削减的目标。不过因美国退出协定，发展中国家排放量激增，这使协定的履行情况成了问题。在第二承诺期里日本等诸多国家都宣布退出协定。

地 球 进 行 时 ！

私人与地方机构的屋顶绿化

屋顶绿化是指在城区高楼大厦的楼顶上建造屋顶花园，开辟一小片农田，种上一点蔬菜、大米等作物的情况。或者为了节省资源，在家里的阳台或窗外种植蔓生植物，越来越多的人开始打造这种自然窗帘。即使只是个人或家庭中种植，但只要有更多的人种植，也会有一定的降温作用。

东京目黑区，首都高速的空中花园

人类将如何处理温室效应带来的风险

留给人类的排放量

2010 年在墨西哥坎昆举行的《联合国气候变化框架公约》缔约方第 16 次会议中,一致认为"我们意识到如果要将世界平均气温的增幅控制在与前工业化时代相比不超过 2 摄氏度,现在就有必要大幅度地削减排放量",也就是说国际社会把世界平均气温的增幅超过 2 摄氏度看作温室效应危险的界限,增幅在 2 摄氏度以内便是控制住温室效应的目标。但是现在世界平均气温已经比前工业化时期上升了近 1 摄氏度,距离危险的界限才剩下 1 摄氏度多一点。

根据 IPCC 第五次评估报告书中的数据,世界平均气温的增长量与人类活动所产生的二氧化碳累计排放量几乎成正比。

世界平均气温上升与二氧化碳累计排放量之间的关系

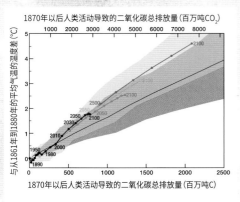

黑色细线是只考虑由二氧化碳的排放量导致的气温上升的情况(灰色阴影部分是大致的范围),其他颜色的线是包含了其他温室气体后的数据(红色阴影部分是大致范围),上图摘自 IPCC 第一工作组第五次评估报告书。

■温室效应带来的风险与机遇

温室效应带来的恶劣影响	温室效应带来的积极影响
●热对流,暴雨,干旱,海平面上升 ●对水资源、粮食、健康、生态系统的恶劣影响 ●难民和国际纠纷增加? ●地球构造发生异变?	●寒冷地区因温室效应而产生的健康与农业方面的积极影响 ●北冰洋航路
因治理产生的恶劣影响	因治理产生的积极影响
●经济成本 ●治理时技术方面带来的风险(原子能发电) ●生物燃料与粮食生产之间的竞争 ●日新月异的社会结构的变化带来的风险	●控制气候变化、遏制带来的恶劣影响 ●节省能源 ●提升能源自给率 ●遏制大气污染 ●发展环境事业

无论是认可温室效应继续发展,还是快速进行治理,风险(受到恶劣影响的可能性)与机遇(出现积极影响的可能性)并存。根据地区、时代还有其他各种社会属性的不同都会给造成的结果带来影响。

也就是说,决定了 2 摄氏度的气温增幅上限后,这代表着也决定了二氧化碳排放总量的上限。虽然实际与理论上多少有一些误差,但是如果以这个标准来看,人类剩下的二氧化碳排放量估计只剩下 3000 亿吨碳左右。现在二氧化碳世界年排放量约在 100 亿吨左右,如果按照这个标准继续下去估计在 30 年后就会到达临界值。要把增幅控制在 2 摄氏度以内,我们就要更加谨慎地利用剩下的排放量,并且在这个世纪末尽可能地实现二氧化碳零排放。

人类必须要做的选择

要实现二氧化碳零排放需要超前的技术和社会方面的变革。在达成这个目标的过程中,也存在着一定的风险。同时,人类还面临着其他威胁,那便是温室效应逐渐加重造成的一系列恶劣影响。人类正是在这些风险中艰难发展。

但是在实现二氧化碳零排放的目标时同样有技术发展等机遇。再加上温室效应对有些领域与地区有积极影响,所以应对温室效应的对策商讨是非常复杂的,根据地区、年代、社会属性的不同,结果与立场也会不一样。全世界都必须明确发展方向,要接受其带来的影响,思考应对这种影响的管理对策。

2019 年 9 月在纽约召开了联合国气候大会,我们能够发现各国领导多少都对现在人类所处的环境有所了解。2015 年 12 月在巴黎召开的第 21 次缔约方会议中,着实期待在此次会议中通过的新型国际框架后的未来。

江守正多,出生于 1970 年,毕业于东京大学,综合文化科广域科学专业博士。专攻为未来温室效应的预测与威胁论,IPCC 第一工作组第五次评估报告书的主编者,著作有《对温室效应的预测是否"正确"?》(化学同人出版),《气候异常与人类的选择》(角川 ssc 新书出版)等。

高纬度地区冰量减少

不仅是在北冰洋与南极洲，以格陵兰岛为首的高纬度地区的大陆冰川和浮冰也不断减少，鄂霍茨克地区的浮冰也在减少。

美国阿拉斯加州不断消融后移的巨大冰川

农作物减产

因干旱和高温，有害细菌的栖息地不断扩大，以咖啡豆为首，各地农作物的都有歉收的现象。

因锈菌栖息地的海拔不断上升，危地马拉的咖啡树受到损害

海平面上升

如果未来海平面持续上升，热带与亚热带地区的岛国国土就会有被淹没的风险，再加上海岸线逐渐被侵蚀，加深了涨潮带来的危险。

最高海拔仅有2.4米的马尔代夫遭受着被淹没的威胁

海洋酸化

溶于海水的二氧化碳提高了海水的酸度，珊瑚等体内含有碳酸钙骨骼的动物逐渐难以生存。

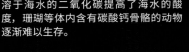

2007年美国俄勒冈州西北部因海洋酸化，牡蛎发生大规模死亡现象

强台风的增加

强台风能够导致泥石流、河川泛滥、涨潮等危害人类生活的现象，近年日本陆续发生了强台风现象。

2013年11月，强台风"海燕"造成了菲律宾莱特岛的巨大损失

山岳冰川的减少

喜马拉雅山脉、加拿大落基山脉等世界各地的山岳冰川的融化步调加快，地表裸露部分也逐渐增加。

从珠穆朗玛峰到昆布冰川也在不停融化着

异常高温

夏天不断突破纪录的酷暑，使中暑的人不断增加，在美国和欧洲各国，酷暑的致死率开始上升。

2008年，在法国巴黎被酷暑所笼罩的人们聚集在河边

传染病的扩大

病源的感染媒介除了蚊子，还有虱子、跳蚤等生物，随着温室效应的加强，它们的栖息地也不断扩大，致使发病的范围也在扩大。

携带霍乱弧菌的浮游生物在水温上升后有可能会加速繁殖，在2008年到2009年间，津巴布韦爆发了霍乱

强飓风的增加

海洋温度上升时更加容易形成强飓风。如今不断出现的强飓风不仅使农业损失巨大，也会产生使建筑物倒塌和停电等的损失。

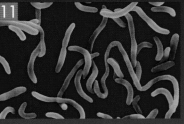

2008年9月，袭击了美国新奥尔良地区的飓风"古斯塔夫"

随手词典

【飓风，气旋，台风】

这三种灾害都是由热带低气压产生的，根据生成的场所不同，叫法也不同。在太平洋东北部或大西洋产生，最大风速为64节（秒速约33米）的热带低气压是飓风，在太平洋南部或印度洋生成的是气旋，在太平洋西北部或中国南海地区生成的是台风。

10

14

9

5

6

7

12

3

8

11

13

降水量的增加

因气温上升使大气中的水蒸气比重增加。即使在相同的低气压下，因水蒸气比重增加，降水量也在增加，极易形成暴雨。

2013年7月，被大雨淹没的日本福冈县朝仓市

携带热带病菌的蚊子增加

2014年在日本出现的白纹伊蚊引发的登革热等带有热带特征的疾病，在世界范围内引发了巨大的恐慌，疟疾也是其中一种。

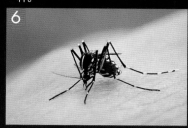

以日本东京为首，在数个地区发现了患有登革热的患者

珊瑚白化现象

因海水温度上升，与珊瑚共生的褐虫藻等藻类无法生存，被迫从珊瑚上离开，于是我们便看到了珊瑚的白色石灰质的骨骼，这种现象普遍称为珊瑚白化现象。

在日本冲绳县石垣岛的珊瑚白化现象

强气旋的增加

在东南亚与澳大利亚，由强气旋带来的大雨与阵风不仅毁坏了甘蔗等农作物，使其不能收获，还破坏了住宅等建筑物。

2007年11月，强气旋袭击了孟加拉国的杜布拉焦尔岛，渔船甚至被风暴卷到了森林中

持续的干旱

常年滴水未下会使土地干燥，成为不毛之地，甚至不能进行栽种。

澳大利亚在2006年到2007年遭受了严重的干旱，温德里湖湖水干涸土地龟裂

淡水资源减少

长期受到日光照射且降水不足不仅会使人类水资源不足，还会导致农作物歉收，水质恶化等。

在叙利亚北部村庄，因淡水资源枯竭，牧草无法生长，游牧民族不得不离开这里

原理揭秘

温室效应对世界各地的影响

地球进行时！

持续可行的水上住宅

由建筑师玛丽·斯罗默尔在阿姆斯特丹建造的漂浮房屋，因有配合水位上下移动的铁制桩子，能够保持建筑物的稳定性，所以即使遭遇强风也不会有太大摇晃。现在位于湖内的住宅区因维持了自然环境，减轻水流的起伏，作为与环境融合的可持续发展的住宅典范倍受瞩目。

普遍认为温室效应导致了世界各地异常现象和异常气候的增加，除了在地图中标注的地区以外，还有其他数个地区也出现了温室效应引起的恶劣影响，这些影响在 20 世纪时还非常少见。

世界文明
| *World Civilizations*

地球博物志

地球上留下的人类的足迹

现代人类的历史起源可以追溯到20多万年前，至今为止，在地球上的各个年代，不同的地区诞生了不同的文明，它们大多繁荣之后便走向了没落。

古代文明分布图

在希腊文明初期产生了克里特文明与迈锡尼文明。赫梯王国的势力甚至从黑海南部到美索不达米亚和埃及地区。斯基泰人出没于现在的哈萨克斯坦地区与小亚细亚地区，玛雅文明诞生于现在的墨西哥尤卡坦半岛，印加文明诞生在秘鲁的库斯科。

斯基泰文明
迈锡尼文明
克里特文明
赫梯文明
玛雅文明
印加文明

【克里特文明】
| *Cretan civilization*

克里特文明是诞生于爱琴海克里特岛的青铜文明，又名米诺斯文明或弥诺亚文明，其名字源于希腊神话中克里特岛之王米诺斯。主要特征是在城市中建有大型宫殿，房间中绘有颜色鲜艳的湿壁画。其中诺萨斯宫殿由考古学家亚瑟·伊文思耗时30年发掘调查，是大约有三四层、总面积约为22000平方米的巨大建筑。克里特文明在公元前1700年—公元前1425年左右的新宫殿时期迎来了鼎盛期，并发明了线形文字A（未破译）。

数据

中心地区	克里特岛(希腊)
年代	公元前2500年—公元前1400年左右

位于诺萨斯的诺萨斯宫殿遗址，宫殿的构造错综复杂

【迈锡尼文明】
| *Mycenaean civilization*

迈锡尼文明是由亚加亚人创造的，他们从北方地区来到希腊后建立了伯罗奔尼撒等城邦。与克里特文明相同，它们都属于在地中海地区开展贸易发展起来的文明。迈锡尼文明中，国王的地位更倾向于领导者，而不是祭祀神灵的司祭，社会整体以军队为中心架构而成，宫殿是用巨大的石头堆积而成的要塞，城墙围住了城市整体，金属加工技术发达，在王族的墓地中出土了黄金制成的面具等陪葬品，还有数枚盖在尸体上的金叶。

数据

中心地区	迈锡尼(希腊)
年代	公元前1600年—公元前1100年左右

图为建造于公元前1300年左右，在伯罗奔尼撒半岛东部迈锡尼的狮门

在王族墓地出土的面具，通称"阿伽门农的面具"

【玛雅文明】

| *Maya civilization* |

公元前 1500 年左右，墨西哥湾沿岸地区诞生了奥尔梅克文明，玛雅文明是奥尔梅克文明发展的产物。玛雅人开辟了尤卡坦半岛的密林后建立了城邦国家，掌握了玛雅历这种精密的太阳历，可以用特有的玛雅文字在石碑上记录历史事件与天体观察的结果。玛雅文明是一个高度发达且独特的文明，但也有利用活人祭祀来祈愿丰收等传统。

（上图）位于奇琴伊察的金字塔，是祭祀玛雅太阳神羽蛇神的遗址

（左图）这个叫查克摩尔的石像两手扶着盘子，盘子上通常放着作为祭品的心脏

数据	
中心地区	奇琴伊察（墨西哥）
年代	公元前1000年—公元1500年

【印加文明】

| *Inca civilization* |

印加文明是从拉丁美洲的土著印第安人建立的帝国中发展起来的。"印加"是印地语中太阳神的儿子的意思，也是祈愿部族长久存在的意思。在首都库斯科和马丘比丘等城市建有巨大石制建筑物作为宗教设施，还有贵族以及神职人员的住宅。因为没有自己的文字，所以也没有留下任何文字记录的历史。1533 年西班牙人占领了这里。

位于库斯科的萨克赛瓦曼遗址。目前猜测这个遗址可能是一座保护首都的城堡或者宗教设施，这个城墙用三层巨石巧妙堆积在一起，且非常坚固

数据	
中心地区	库斯科（秘鲁）
年代	1438年—1533年

【斯基泰文明】

| *Scythian civilization* |

斯基泰人是最早征服了黑海北部草原地带的骑马的游牧民族。他们并没有建立城市和城堡，而是将家安于车辆上，依靠家畜不断迁徙。因为斯基泰人没有留下任何文字记录，所以他们身上充满了谜团，但是现在普遍认为他们曾与黑海北岸的希腊殖民地有过交易行为，而且战斗时女性也作为战士加入了战斗。

在《圣经·士师记》中称以色列的首都耶路撒冷为"斯基泰人的城市"，是存在于公元前 7 世纪—公元前 4 世纪的斯基泰的城市

装饰有斯基泰士兵的黄金的梳子

数据	
中心地区	黑海北部（乌克兰）
年代	公元前700—公元前200年左右

【赫梯文明】

| *Hittite civilization* |

语言属于印欧语系的赫梯人，用轻型战车与铁器以土耳其安纳托利亚半岛为中心，建立了一个繁荣强盛的国家，其领土扩张到了叙利亚和美索不达米亚，还在公元前 1258 年左右与埃及王国的拉美西斯二世展开战争。他们积极主动地吸收了周边各民族的神灵与宗教的概念，所以又被称为"上千神明的子民"。

位于首都哈图沙什（土耳其首都安卡拉以东）的狮子门，大约在公元前 14 世纪建造而成

数据	
中心地区	哈图沙什（土耳其）
年代	公元前1680年—公元前1190年左右

杰出人物

考古学家
海因里希·谢里曼
（1822—1890）

对古希腊特洛伊遗址的调查

德国考古学家谢里曼相信《荷马史诗》中特洛伊城的真实性，1870 年时在现土耳其希沙利克山丘开展了挖掘调查，之后不仅发现了金银财宝，还发现了特洛伊遗址。当时的遗址中发现了一座比《伊利亚特》的创作年代还要早上 1000 年左右的爱琴文明遗址，这使世人对谢里曼更为瞩目。这之后他又着手对迈锡尼遗址进行挖掘调查，在其中发现了埋有"阿伽门农的面具"等黄金制遗物的王族墓地。

文明与地球　文明的衰落

复活节岛的启示

复活节岛是位于太平洋的孤岛，波利尼西亚人在 4—5 世纪左右漂流到这里后，雕刻了巨大的莫埃人像，构建了一个独特的文明。岛上曾有 1 万多人居住，但在 19 世纪后期仅剩下 100 余人，小岛变得非常荒凉。其原因之一是为了生活或搬运莫埃人像而常年砍伐树木，使土地变得贫瘠，各部族围绕着食物与耕地展开了激烈的战斗。不知道复活节岛文明的衰落是否给地球的未来敲响了警钟。

令世人惊异的印加天空之城
马丘比丘

位于秘鲁的库斯科，1983 年被列入《世界遗产名录》。

15 世纪中叶，印加帝国统治了中央安第斯一带。马丘比丘遗址就位于安第斯山脉海拔 2430 米左右的位置。对于当时为什么在远离城市的山脊处建立一座城市这一问题，有各种说法，目前最合理的一种猜测是这座遗址是皇帝帕查库特克的个人府邸。天空之城将印加帝国的城市构造保存至今，这可能是安第斯文明最后的光辉。

天空之城的遗址

印第太阳石

意思是连接太阳的石头。这块石头高约 1.8 米，石料为花岗岩，在当时应该是作为钟表使用的。

太阳神庙

又称大塔，冬至时在这座建筑内会举行祭祀活动，冬至时从窗户射入的阳光会正好落在塔内的小坑里。

神鹰庙

地面的巨石是神鹰的头部，处在其后方的两块石头作为两翼，神鹰在当时是太阳神的使者。

印加桥

印加桥是印加帝国道路网的一部分，从马丘比丘向西走上 20 分钟左右，就会看到架在断崖上的印加桥。

眺望乌鲁班巴河的马丘比丘与怀纳比丘

大量的遗址分布在连接了马丘比丘与深处耸立着的怀纳比丘的山脊处，图中左下方马丘比丘的巨石杂乱地堆放在一起，所以这里被认为是切割石料的场所。因为西班牙人破坏了印加帝国的多数城市，所以这处遗址非常重要。马丘比丘因其壮丽的景观，加上动植物宝库的地位，同时被列入了《世界文化遗产名录》与《世界自然遗产名录》。

炼金术

炼金术师 究竟在追寻何物

炼金术师创造的『贤者之石』到底是什么？
发现万有引力的牛顿也长年沉浸于炼金术的研究。
人类的『欲望』，引领现代科学的伟大思想究竟会走向何处？

在中世纪的欧洲，神秘的炼金术师们在工作室里试图用铅和铜等金属置换出金子，这幅光景便是人们对炼金术的普遍印象。

在畅销小说《哈利·波特》系列中，第一部题目中提到的贤者之石，便是炼金术师们趋之若鹜的。当时的人们相信以贤者之石（也可以称为"长生不老药""精气""生命灵气"等）作为媒介，可以点石成金，人类也将拥有不老不死的能力。

艾萨克·牛顿被称为近代物理学的鼻祖，但他也曾经耗费20多年来专研炼金术。他的成就也多少与炼金术有所关联，在他给朋友的一封信中写到"炼金术并不只是单纯的物质转变，它还触及到了事物更加深处的原理。"

制造迷你人的方法

《翠玉录》是传说中被称为炼金术精髓的典籍。据传它是刻在一块绿色石板上的炼金术典籍，10世纪为止只有阿拉伯语的版本，到了12世纪也被翻译成了拉丁语。中世纪时这本典籍流传到欧洲后，被当时的炼金术师奉为圣典。

其内容简单来说：森罗万象，宇宙中的一切都会成为一个"一"，由"一"作为媒介，世间处在一个和谐的状态中。

炼金术师的最终目的就是抽出隐藏于事物内部的"一"，使其稳定，而为了这个目的就要以宇宙原理为基础，由化学性质的操作来转变物质。传说中的贤者之石就是那个"一"，它能够点石成金，还能生白骨，使死人复活……

炼金术在英语中是"alchemy"。"al"在

阿拉伯语中相当于英语的定冠词，所以炼金术大概率是从伊斯兰社会传入欧洲社会的。目前还不清楚"chemy"的词源究竟是什么，但是有种说法是与"金属的熔解与熔合"有关。这个词与之后出现的"chemistry"即化学有关。

帕拉切尔苏斯作为"伟大的炼金术

帕拉切尔苏斯（1493?—1541）出生于瑞士，在意大利的医学院求学，因不喜医学界的权威主义，游历欧洲各国。他的一生波荡起伏，虽然成了医学院的教授，但后因漠视传统，遭受流放

艾萨克·牛顿（1642—1727）最广为人知的成就就是发现了万有引力。他不但是英国物理学家，还是天文学家、数学家

炼金术师在工作室内循环往复地进行实验。炼金术师根据物质的状态将金属分为七种，即铜、铁、锡、铅、汞、银、金，炼金术师认为金在这七种金属中是最完美的状态，其他物质都是病态的

在位于波兰古都克拉科夫市的波兰最古老的大学中，再现了 15 世纪时炼金术师们的工作室

师"活跃于文艺复兴时期，他的名字流传至今，既是医生也是炼金术师的他，留下了许许多多的传说，比如不仅炼出了贤者之石，还创造了何蒙库鲁兹（迷你的人造人）。在他的作品《物质本性》中提到了人造人的制造方法。

在烧瓶中放入人类的精液后密封，发

歌德的代表作《浮士德》中登场的人造人，这个场景是浮士德博士的男助手在烧瓶中制造了迷你的人造人何蒙库鲁兹

酵四十天。之后烧瓶中就会出现透明的具有人类形状的非物质体。将这个刚出生的物体保持在马的胎内温度进行培养，还要每天给予人类的血液。不久，就会诞生一个完整的迷你的人类。虽然何蒙库鲁兹一出生就知道各种各样的知识，但是只能在烧瓶中存活。

虽然人造人只是一个传说，但是如果真的有那么一天，恐怕那时候人类已经掌握了宇宙中所有原理了，但对于现在来说还只是痴人说梦。

炼金术师的最终目标究竟是什么？

帕拉切尔苏斯曾说过"人类的身体会将摄取到的全部植物与动物转化为身体所需要的血与肉。也就是说身体内部就住着

一位炼金术师。它的作用一旦减弱，身体就会生病。所以作为医生也必须是一位炼金术师。"之后他致力研究的方向也从点石成金的炼金术转变为与医学一体化的医药技术。

不少人认为贤者之石藏匿在人类与动物的生命力之中，所以他们尝试着加热尿液与粪便来提取贤者之石的成分。1669年，人们在加热尿液时去除了杂质后发现了磷元素。

炼金术师在 17 世纪后半叶逐渐淡去了身影。只是他们的灵魂与思想是否随着炼金术的消失而消失了呢？其实现在我们也经常能听到炼金术这个词。比如在2013 年的《科学》杂志中，以"超重元素的炼金术师"为标题，对日本物理学家大写特写。

这些物理学家成功地合成了在地球上无法自然形成的超重元素。使用重离子加速器将锌 -70 轻轻地撞向铋 -209（贱金属元素）后就会产生至今未有的新的元素，未来也可以用在检查身体的医疗设备上。

在科学的最前端，人类有可能也会有造出贤者之石的一天吧。

63

长知识！
地球史
问答

Q 日本是否有过工业革命？

A 日本群马县富冈制丝厂在 2014 年被列入《世界文化遗产名录》。1872 年创立的富冈制丝厂是由明治政府官营的制丝厂，当时生丝是日本输出的重要产品，富冈制丝厂就是为了提高生丝的产量与质量而创立的。在创立初期，该厂引入了法式缫丝机和蒸汽机等法国的技术。在开阔的工作间中 300 架缫丝机排列在一起的场面着实壮观。缫丝厂、养蚕厂、铁皮水槽等设备被完好地保存了下来，向我们展示了明治初期日本制丝业的活力。

现如今在缫丝车间只能看到 1987 年工厂停止运作时使用的日产 HR 型自动缫丝机

Q 蒸汽机的燃料消耗率是？

A 1710 年由纽科门发明的蒸汽机的热效率为 0.5%。59 年后由瓦特改良的蒸汽机的热效率为 2.7%，上涨了 5 倍多，这对于当时来说是划时代的改良。初期时极耗燃料的蒸汽机在之后不断被改良，估计在将来少许燃料就能呈现极大马力。特里维西克在 1934 年改良的蒸汽机使热效率可以达到 17%。现在蒸汽机（涡轮机）的热效率达到了 40% 以上，新型的燃气——蒸汽联合循环机组甚至达到了 50% 以上。

Q 科学技术是否能阻止温室效应？

A 有人从气候工程学的角度去思考温室效应的对策，比如通过将硫酸等微粒子（悬浮尘粒）散播在大气中，人为地改变地球环境，来缓和温室效应带来的影响。虽然因担心副作用，无法草率地执行这一想法，但是越来越多的学者开始对此进行研究。

利用喷气式飞机或气球散播微粒子，使其形成一层薄云

Q 古代人是否喜欢酒？

A 古代人既喝葡萄酒，也喝啤酒。显而易见，葡萄酒源于美索不达米亚。虽说如此，但其实在西亚周边地区的遗址中也发现了约 8000 年前储存葡萄酒的罐子。因在同一个遗址中还发现了葡萄的栽培种，所以我们认为当时的葡萄酒应该是种植的植物酿造的，而葡萄酒的品种应该是红葡萄酒。比起将果实进行发酵的果酒，啤酒需要加热处理等更加复杂的程序，所以普遍认为啤酒的出现应该晚于红酒几千年。

Q 是否存在没有文字的文明？

A 印加帝国的人用将绳子打结后的绳结语代替文字与数字作为情报交流的手段。绳子或带子的颜色、打结处的位置与形状等都含有大量的情报，比如根据打结处的位置可以表示个、十、百等数量单位。在宫廷中有专门进行打结和朗读结绳语的职位。

结绳记事代表着"结绳语"，带子最多能有不同的 2000 根

描绘了公元前 865 年左右亚述日常生活的浮雕，左上角刻有葡萄酒壶

现在的地球

现在

［新生代］

新生代是指从6600万年前开始持续
至今的时代。在这一时期，哺乳动物、
鸟类以及被子植物等取代中生代的恐
龙，迎来了全盛时期。不久，在它们之
中，一个新的角色隆重登场，那就是我
们——人类。

第 68 页　图片 / 123RF
第 70 页　插图 / 真壁晓夫 描摹 / 斋藤志乃
第 67 页　插图 / Aflo
第 73 页　图片 / PPS
第 74 页　地图 / C-MAP
　　　　图表 / 三好南里
　　　　图片 / 联合图片社
第 75 页　图片 / Aflo
第 77 页　图片 / Aflo
第 78 页　图片 / PPS
　　　　图表 / 三好南里
第 79 页　图片 / 朝日新闻社
　　　　图片 / 阿拉米图库
第 80 页　图片 / PPS
　　　　图片 / ©GSI,CEReS, 合作机构
第 81 页　图片 / Aflo
第 83 页　插图 / 真壁晓夫
　　　　图片 / 图片图书馆
第 85 页　图片 6/ 阿玛纳图片社
　　　　本页其他图片均由 PPS 提供
第 86 页　图片 / PPS
第 87 页　图片 / PPS
　　　　图片 / 阿拉米图库
　　　　图片 / PPS
　　　　图片 / 朝日新闻社
第 88 页　图片 / C-MAP（根据环保国际基金《生物多样性热点地区》制成）
　　　　本页其他图片均由 PPS 提供
第 89 页　图片 / Aflo
　　　　图片 / PPS
　　　　本页其他图片均由朝日新闻社
第 90 页　图片 / 联合图片社
　　　　图片 / Aflo
　　　　图片 / 公益财团山阶鸟类研究所
　　　　图片 / 朝日新闻社
第 91 页　图片提供者: 酒井雅博 摄影: 渡部晃平
　　　　图片 / 朝日新闻社
　　　　图片 / 日本对马教育委员会
　　　　图片 / 日本国立科学博物馆
　　　　图片 / 朝日新闻社
　　　　图片 / 日本国立科学博物馆
第 92 页　图片 / Aflo
第 93 页　图片 / Aflo
第 94 页　图片 / PPS
第 95 页　图片 / PPS
　　　　图片 / Aflo
　　　　图片 / PPS
第 96 页　图片 / 朝日新闻社
　　　　图片 / 图片图书馆

		现在
第四纪	全新世	
	更新世	1.17
新近纪	上新世	258
	中新世	533
	渐新世	2303
古近纪	始新世	3390
	古新世	5600
		6600 (万年前)

新生代

—顾问寄语—

富山县立大学工学部环境工学科教授 九里德泰

从石油化学工业等技术革新开始的 20 世纪初开始到现在，人口爆炸性增加，工业化不断发展。

这个时代，大量生产技术被普及，大量人工化学物质被生产和使用，汽车得到了普及。

另一方面，这也是出现公害和地球环境问题、贫困和两极分化、生物大量绝灭的时代。

为了让现代文明不断延续，构筑"可持续性"的社会和环境十分重要。

诉说着繁荣的功与过的超大城市

超过 100 层的高楼鳞次栉比的上海，是见证中国经济不断发展的国际都市。经过 20 年的惊人发展，在这座有着世界少有的人口规模的城市里，集聚着人们创造的现代文明。同时，急速的发展和人口的增加也在不断加深对自然环境的破坏。最终结局是城市被大气污染所困扰，摩天大楼被雾霾所笼罩。被雾霾包围的巨大城市发出的喧嚣可能是向我们敲响的警钟。

上海市浦西地区

上海，人口超过 2400 万，
中国最大的城市。长江的
支流黄浦江的西侧地区，
曾经作为租界发展了起
来。照片是从黄浦江对岸
的浦东地区的高楼上看到
的浦西。

史上最严重的原油泄漏事件

2010 年 4 月 20 日，墨西哥湾遭遇了一场噩梦，位于墨西哥湾海面离岸 80 千米左右的石油钻井平台"深水地平线"发生了爆炸事故。这个巨大的设施连续燃烧了 2 天之后沉没。事故造成 11 人死亡，此后 5 个月内超过 78 万千升的原油泄漏。海上漂浮的原油最大蔓延了 20 万平方千米，对墨西哥湾沿岸的自然环境和生态系统造成了前所未有的污染。特别是对于在墨西哥湾生存的宽吻海豚和 5 种海龟造成了历史性的伤害。

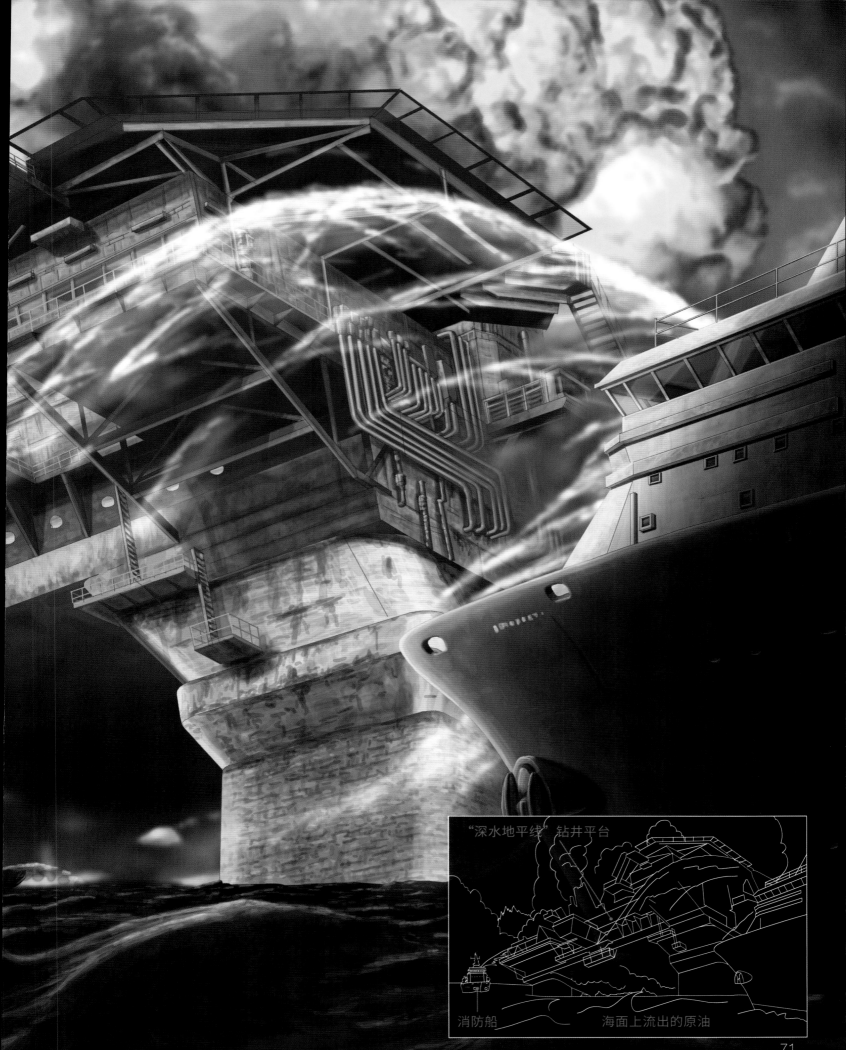

"深水地平线" 钻井平台

消防船　　　　　　　　　　　海面上流出的原油

人口增长与发展

已经超过70亿的人口数量将在本世纪达到100亿

数百万年前人类在地球上诞生。渐渐地，人口数量增长，人类社会变得繁荣起来。但是到了21世纪，这样的增长造成了各种各样的问题。

工业革命是人类增长的契机。

世界人口在200年间爆炸性增长

从工业革命到本世纪之间，虽然人类实现了迅猛的科学发展和经济成长，但是问题也产生了，那就是人口的急剧增长。2011年世界人口超过70亿，2014年，地球上的人类已经达到熙熙攘攘的72亿以上。

时光倒退约2000年，到公元1年的时候，世界人口推算为3亿；时间慢慢推进，人口慢慢增长，人口达到10亿时，是19世纪工业革命的时代了。从工业革命到现在，这短短的200年间，人口数量膨胀了7倍，按照这个速度下去，21世纪中期人口数量预计会达到100亿。

人口急剧增长是由于医疗进步降低了死亡率，人类的寿命延长。但是也出现了少女的早婚等涉及社会和人权方面的错综复杂的问题。

让我们来具体探索一下人口逐渐增加的原因和现在我们所面临的问题吧。

印度会成为
世界第一人口大国

1998 年，印度在中国之后突破了 10 亿人口，印度最大的城市——孟买的集市人流杂乱。印度现在人口也在不断增加，2014 年，人口数量已经高达 12 亿 6000万，预计 28 年内印度人口将超过中国，推算将达到 14 亿 5400 万人。

人口增长与发展

人类正在面临的人口与发展问题

人口众多的国家与人口增长率高的国家和地区

单是中国和印度的人口，就接近了全世界人口的40%。以2014年为节点，人口在1亿以上的国家有12个。人口增长率是由10年到15年的年平均增长率推算而来，日本为-0.08%。

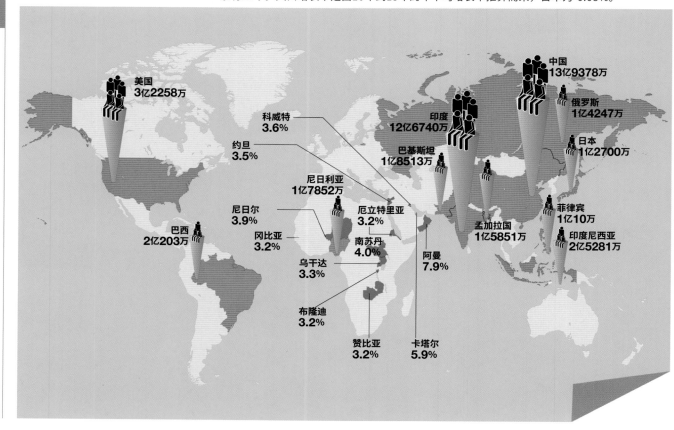

美国 3亿2258万

中国 13亿9378万

俄罗斯 1亿4247万

日本 1亿2700万

印度 12亿6740万

巴基斯坦 1亿8513万

科威特 3.6%

约旦 3.5%

尼日利亚 1亿7852万

尼日尔 3.9%

冈比亚 3.2%

厄立特里亚 3.2%

南苏丹 4.0%

乌干达 3.3%

阿曼 7.9%

孟加拉国 1亿5851万

菲律宾 1亿10万

印度尼西亚 2亿5281万

巴西 2亿203万

布隆迪 3.2%

赞比亚 3.2%

卡塔尔 5.9%

由于世界人口增长产生的世界发展问题被称为"人口与发展问题"。虽然包括日本在内的发达国家面临着少子化等人口减少问题，但是世界人口依旧在源源不绝地增长。如上图所示，在非洲和南亚地区的发展中国家，正在发生爆炸性的人口增长。在这些发展中国家，贫穷阶层占大多数，人口的增加引起了现代才有的问题。那这个问题又到底是什么？

发展中国家从自给自足到经济社会的转变

原来自给自足的国家，粮食的生产和供给处于平衡状态，并且，出生率和死亡率都很高，因为"多生多死"，所以人口不怎么增长。现在大多数人口增长率高的发展中国家和地区原本是自给自足的农业地区。

但是，从工业革命开始，由于工业化和机械化，社会体系发生了变化，粮食生产和流通体系升级。另外，因为医疗技术的进步，原本"多生多死"（高出生率、高死亡率）的发展中国家和地区向着"多生少死"，即高出生率、低死亡率的方向转变，世界人口就此开始增长，最终发展到了现在的地步。

结果是，这样的发展中国家和地区的社会并不能对人口增加所产生的变化做出良好的对应，由此产生了贫困阶级。接着，就导致了因为贫困不能接受教育、无法保证健康的社会问题。再进一步，

近距直击

开罗会议（国际人口与发展会议/ICPD）

联合国从1954年开始，大约每10年会举行一次国际性的人口会议，1994年的开罗会议成了一个转折点，会议将人口问题与经济、政治、环境、女性健康等一同列为发展不可分割的问题之一，会议首次被命名为"人口与发展会议"。

这次会议上，第一次提出了『女性生育的健康和权利』的女性人权相关的概念。

随着社会的发展，从"多生多死"到"少生少死"的转变。

少女的生育问题

据调查，在孟加拉国、乍得、几内亚、马里、莫桑比克等国家与地区，每10个少女中就有1人在15岁前生育了孩子。

"人口与发展"相关的诸多问题

关于社会、经济、环境、食物、资源等的众多问题都是和生活密切相关的问题。

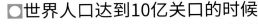

老龄化	食物[注2]的局部紧缺
日本人口[注1]转化快，迅速开始了老龄化，中国等亚洲的国家也提前进入了老龄化，南亚、非洲等地区的发展中国家也正在进入老龄化。	非洲南部和南亚等地区，每人的食物生产量、营养摄取率处于停滞不前的状态，但是近些年正朝着好的方向变化。
城市化和国内人口流动	水资源不足
因为城市化的进行，现在世界上约54%的人口住在城市，今后还会有所增长。发展中国家中的人口增长一半是城市人口的增长。	包括印度在内的南亚和中东的国家和地区正在遭受严重的水资源不足，预测以这些国家和地区为中心，今后水资源的不足还会进一步扩大。
国际人口流动	经济扩大造成的能耗增加
亚洲、非洲、中南美洲的发展中国家的人们，更希望居住在政治和经济环境更好的发达国家或其他发展中国家，他们移居的案例逐渐增加。	预计世界人口在2050年将达96亿，世界经济规模将是现在的4倍，相应地，预计能源使用量将增加80%，对天然资源的需求进一步扩大。

这些饱受贫困难的人们，流向了城市。全球城市化的进程中出现了贫民区，结果导致了各种各样的问题。

从女性人权看人口发展问题

在经济扭曲之后，近年引人注目的问题还有低龄生育。

如今，在部分发展中国家，未满18岁的女性中每3人就有1人、未满15岁的女性中每9人中就有1人存在"儿童婚"的事实。这样的结果，造成发展中国家整体每年女性分娩的年龄分布为：18岁以下的女性占到了全部女性的20%（730万人），15岁以下的占3%。

同时，因为避孕工具和避孕药相关的信息、教育、医疗保健服务不到位，在2014年，约2亿2千万发展中国家的女性即使想避孕也没有办法获得现代的避孕方法来控制孩子的数量。因此孕妇的死亡率高，女性的人权受到了威胁，"女

世界人口达到10亿关口的时候

世界人口在约2000年前只有3亿左右，1800年间逐渐增加，在1804年的工业革命初期超过了10亿。此后世界人口呈指数型增长，1927年达到20亿，1960年达到30亿，现在到了72亿。

预测2050年世界人口将达到96亿

人口转变

按照"人口转变"理论中人口增减和经济发展相联系的法则，因为医疗进步等原因，人口的增长模式由"多生多死"向"多生少死"转变后，最后会向着出生率低下的"少生少死"变化。

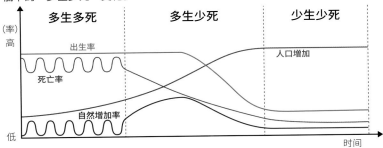

性生育的健康和权利（性与生殖的健康和权利）"的确立变得更加迫切。

如果2062年人口增长超过100亿的话，将会有各种各样令人担忧的问题，比如全球城市化和老龄化等地球整体的问题。一方面，现代人口的增长意味着人类的繁荣，另一方面如何解决各种问题是我们面临的巨大课题。

科学笔记

【日本人口】 第75页注1

日本的人口变化从1870年左右开始的"多生多死"变成了后来死亡率低下的"多生少死"，再到第二次世界大战后出生率锐减，1960年左右开始到现在的"少生少死"。欧洲的发达国家大约经过50年才出现出生率低下，日本却10年不到就出现了，这尤为引人注目。

【食物】 第75页注2

全球代表性的主食有小麦、大麦、米、玉米等谷物和土豆、芋头、红薯等薯类，还有一些国家和地区以大豆等豆类、高糖分和高热量的果实类作为主食。

环境污染

墨西哥湾原油泄漏事件

2010 年，在美国路易斯安那州沿岸的墨西哥湾，英国石油公司的海上石油钻井平台发生爆炸燃烧，估计造成了 78 万千升的原油泄漏至海洋的严重后果。事故发生 5 个月后泄漏才完全被控制。

现在我们知道！

人类活动对地球环境造成了影响

人类利用各种各样的天然资源，以自然环境作为资本构建了文明社会。当初对环境造成的负荷，对于生态系统来说还控制在可修复的范围内，但是，工业革命打破了这样的平衡。因为工业革命，划时代的技术革新不断出现，大量生产得以实现，另一方面，人类排放的废弃物和污染物增多，环境的负荷超出了生态系统自我修复的水平，于是发生了环境污染。图表说明追求物质丰富以及便利的结果是公害和环境破坏，这从工业革命开始持续到现在。

经济增长、人口问题、生活方式的变化和环境问题密切联系。

从煤炭到放射性物质不断发生的大气污染

工业革命其中一个关键的技术革新就是引入了使用煤炭的蒸汽机械，同时因此引起了大气污染。煤炭燃烧所产生的烟尘在伦敦蔓延，引发了呼吸疾病，严重损害了人们的健康。然后，随着时代的发展，在工业化加速

◻ 人类活动对地球环境造成的影响

因为经济的发展，人类享受了更加丰富的生活。同时，人口增加，相应地，经济活动也进一步扩大。另一方面，错综复杂的环境问题产生，一个接着一个，在地球上形成连锁反应，结果对生态系统造成影响，健康遭受损害，最终威胁到我们人类自身的存亡。

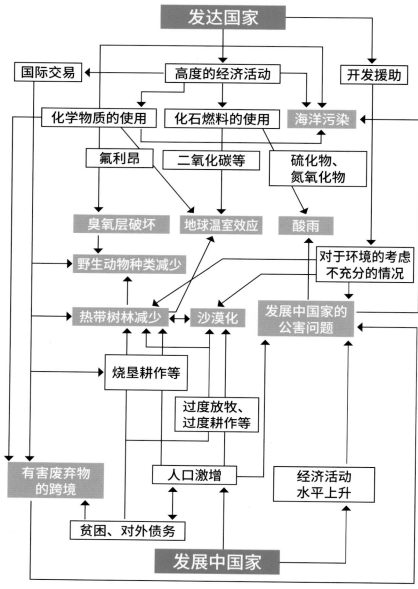

伦敦烟雾
1952 年，英国伦敦发生了史上最严重的由大气污染引起的公害事件，超过 1 万人死亡。18 世纪以后，因为工业革命和煤炭燃料的使用，烟尘和伦敦的雾相结合，停留在地表附近形成了烟雾。

的进程中，大气污染的问题进一步扩大。进入 20 世纪，石油成了主要能源，工厂和汽车排放尾气，由于石油燃烧的原因，光化学烟雾由此产生。另外，因为 20 世纪 50 年代起大气层内进行的核试验，包含着放射性物质的灰尘放射性尘埃也被发现，代表性的例子是 1954 年

在南太平洋上因为美国氢弹试验的降灰使得日本的金枪鱼渔船"第五福龙丸"受灾。

而且，这几年还在发生着新的大气污染：在中国 PM2.5[注1] 成为问题，大地震和海啸引发的福岛第一核电站泄漏放射性物质的事故，等等。我们突然进入了前所未有的大气污染时代。

人类看似可以操控手中的能源，却不断地将地球暴露在大气污染的问题当中。

因化学物质造成的水和土壤受到污染

和大气污染一样，水质污染也很严重。原本自然界中的海洋和河流具有自净功能。生活在海洋和河流中的浮游生物会吃掉脏东西并将其分解，使得水重新变干净。也就是说，水质受到污染意味着自净功能已经不起作用了，这是因为人们日常生活中产生的化学物质。20 世纪 60 年代起，在家庭生活中开始普及化学洗涤剂，含有洗涤剂的生活污水和工业废水被直接排放到河流中，当时这样的情况占到水质污染的大部分。在日本，含有化学物质的工业废水也造成了像水俣病注2 和痛痛病注3 这样的

近距直击

无法解决的放射性废弃物的处理

核能发电是通过核反应产生的巨大能量进行发电。虽然发电时有着不会排放二氧化碳的优点，但是相比之下，严重的是产生了对生物有害的放射性物质。对于半衰期要数万年以上的废弃物，人们还没有找到短时间内使其无害化的方法。

荷兰尼德多普核设施中装着放射性废弃物的大铁桶

科学笔记

【PM2.5】 第78页 注1
粒径小于 2.5 微米、悬浮在大气中的颗粒物，容易被吸入肺中，具有引起肺癌或哮喘的危险。由汽车排放的尾气和工业废气所产生。2013年中国发生大规模的大气污染后，在日本也检测出了 PM2.5 浓度超标。

【水俣病】 第79页 注2
发生在日本熊本县水俣湾周围和新潟县的阿贺野川流域，由于工厂排放含汞废水而造成的有机汞中毒症。"水俣病"的名称在全世界扩散，让世人了解了汞污染的恐怖。

【痛痛病】 第79页 注3
日本富山县神通川流域发生的肾脏损害或骨软化病。病人出现身体疼痛，骨头变脆容易骨折的病症，因为矿山废水中的镉在人体中积累而成，1968年，痛痛病被认定为日本第 1 号公害病。

公害病。

水质污染还会通过地下渗透造成土壤污染。另外，像含有二噁英[注4]、铅、砷等有害物质的工业废弃物会污染土壤，最终溶解在地下水中，造成地下水的水质污染。同样，山里的违法丢弃也会污染土壤，对地下水带来不良的影响。

着眼下一代
采取亲近自然的对策

种种的环境问题是文明进程中欠下的债，为了阻止事态继续恶化，人类急需采取全球规模的对策。

煤炭、石油、天然气被称为"化石燃料"，是现代社会的主要能源，是不可再生的有限资源，同样也是环境污染的原因。相对地，太阳能、水力、风力、地热等被称为"可再生能源"，现在我们也在尝试使用。利用可再生能源，可以减缓资源枯竭，可以作为和自然共生的循环型绿色能源进行供电和供热。但是，在日本，通过再生能源进行发电的电量还很小，以后会进一步增长。

另外，为了避免天然资源"生产→消费→废弃"的单方向消费，我们在减少天然资源消费的同时，也应

实现循环型社会，人类才刚迈出了第一步。

世界上最大的太阳能发电站

美国加利福尼亚州广阔沙漠中的伊万帕太阳能发电站，通过 35 万片反射镜收集太阳热进行发电，可以供应 14 万个家庭所需电力。

该促进构建重复利用的"循环型社会"，在减少垃圾产生的同时，把使用过的东西再利用或者重新变成资源制成商品，促进社会向着资源循环利用的社会体系转变。

地球环境问题和人口问题一样，近年事态有逐渐恶化的倾向。过去文明的发展为人类生活提供了便利，现在我们进入了每一个人都要思考"可持续性"的时代。

科学笔记

【二噁英】 第80页 注4
多氯二苯并二噁英和多氯二苯并呋喃的总称。毒性强，具有致癌性。因越南战争中被美军作为枯叶剂大量使用而被人们所知。焚烧垃圾时也会产生。

地球进行时！

地球环境现状图

在日本，因为要合理应对地球环境问题，我们不得不考虑全球规模的地理信息。1992 年，当时的日本建设省提出"地球地图构想"。至今有 183 个国家和地区参加。在地球地图上，每 1 千米分辨率的电子地图数据上包含"交通网""国界""标高""植被"等 8 个项目的数据，如今完成了地球上全部陆地范围的土地覆盖和植被覆盖率的制作。

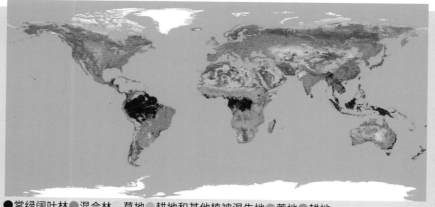

●常绿阔叶林 ●混合林 ●草地 ●耕地和其他植被混生地 ●荒地 ●耕地

描绘人类可持续性未来的蓝图

可持续性概念的出现

科学技术的进步使得人类文明得以发展，同时也引起了环境问题和贫富分化的问题。为了解决问题，虽然人类进行了高度的自然科学的研究和工业技术方面的应用，但还需要全体社会去考虑未来并朝着这个方向一致努力。

1972 年，在瑞典斯德哥尔摩举行了联合国人类环境会议，这个会议的出发点虽是解决跨国界的酸雨问题，但在会议上，发展中国家的贫困和环境问题之间的关系也同时被提出。

同一年，由罗马俱乐部出版的《增长的极限》在世界范围内引起了巨大的波澜。书中针对天然资源的枯竭、公害造成的环境污染、发展中国家的人口增长、粮食生产的极限等人类的危机，通过计算机模拟了未来人类发展的道路。如果照这样下去，人类人口继续增长，工业化持续进行，在一百年以内地球将到达增长的极限。为了避免增长极限的出现，书中提出了"可持续的、生态的、经济的安定性"均衡状

■增长的极限

■联合国环境与发展会议

1992 年联合国环境与发展会议上，附加协议《气候变化框架公约》被提出，正在条约上签名的是当时巴西联邦共和国总统费尔南多·科洛尔·德梅洛

态的构想。国际性的政策转换越快越好，这是现在气候变化相关研究的模拟和计划对策的共识。

在 20 世纪 70 年代初期，出现了可持续性的概念。发展与环境问题要如何协调，这个问题使大家认识到构筑未来蓝图的必要性。

可持续性发展与社会的发展达成一致

1987 年，联合国在世界环境与发展委员会（WCED）的报告书《我们共同的未来》中提出了"可持续性发展"这一词汇，该词至今仍然在使用。它的意思是，在不断满足下一代需求的同时，要有满足

当代人类需求的发展。这表明：①要满足当今世界人民的基本需求（消除贫困）；②提出根据技术和社会形态的不同，满足现在以及将来需求的环境容量的极限。

1992 年，在巴西里约热内卢举行的联合国环境与发展会议上，与会各国构筑了全球规模的可持续发展的新型合作伙伴关系，通过了《里约环境与发展宣言》和《21 世纪行动议程》，同时提出了《气候变化框架公约》和《生物多样性公约》。

此次会议对全世界范围内的可持续发展这一观点达成了一致，成了全球共同面对环境问题的巨大转折点。

麻省理工学院的丹尼斯·米都斯等人模拟的结果图，到2050 年将发生工业生产和人口不可控的减少。

九里德泰，1965 年生。作为记者在世界约 80 个国家采访过，之后担任中央大学研究开发机构助教，富山市环境审议会会长，富山县环境审议会地球温暖化对策小委员会委员，编著了《地球环境的教科书 10 讲》（东京书籍）等书。

3. 双螺旋两条链都被切断的情况

两条链同时被切断的情况有两种修复方法。首先，被切断的一端和另一端连接进行修复（非同源末端连接）。因为被切断的碱基是残缺的，这样碱基排列时发生了变化，可能会引起变异。另一种是被称为基因同源重组的修复，因为利用和切断部分是同一种或者是相似序列的 DNA，所以修复的精度很高。

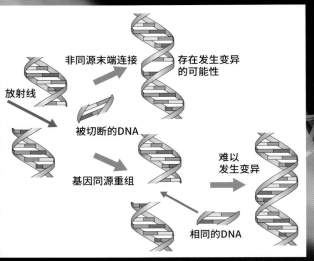
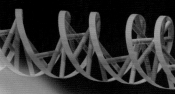

暴露在放射线下对人类的影响

受到少量放射线的情况下，由于DNA的修复功能可以自然恢复，但是一次性受到大量的放射线的话，人会出现各种各样的症状。人体受到放射线影响的量用Sv（sievert）单位表示，1mSv的暴露意味着人体的细胞核平均通过一条放射线。

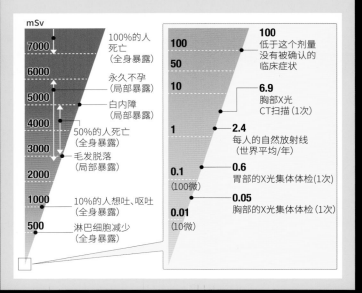

4. 不能修复的要么被清除要么癌变

被放射线损伤的 DNA 在无法修复的情况下，染色体大部分会细胞凋亡（细胞死亡），然后被清除。但是，在极少情况下存在细胞没有凋亡而突然变异的情况，这种变异的细胞大量积累的话会发生癌变。

随手词典

【穿透物质的能力】
α射线一张纸都穿不过，β射线可以穿透纸但会被薄金属板遮挡。γ射线和x射线可以穿透薄金属板，但是不能穿透铅或者厚的铁板。中子可以穿透铅和厚的铁板但是可以被水和混凝土阻挡。

【细胞凋亡】
多细胞生物的细胞死亡方式的一种,可以被称为细胞的自然死亡。为了保持生物更好的状态,按照遗传基因早就设定好的程序,产生的机能性的、能动性的自然死亡现象。

腺嘌呤（A）

胞嘧啶（C）

放射线

原理揭秘

放射线对人体的影响

放射性物质、放射能力和放射线是什么？

放射线有γ射线、x射线、α射线、β射线、中子等种类，根据种类不同，穿透物质的能力也有强有弱。产生放射线的物质被称为放射性物质，放射能力是指产生放射线的能力。用灯泡来举例的话，放射线就是灯泡产生的光，放射能力是灯泡产生光的能力，放射性物质就是灯泡本身。

灯泡=放射性物质　　光=放射线

产生光的能力
=放射能力

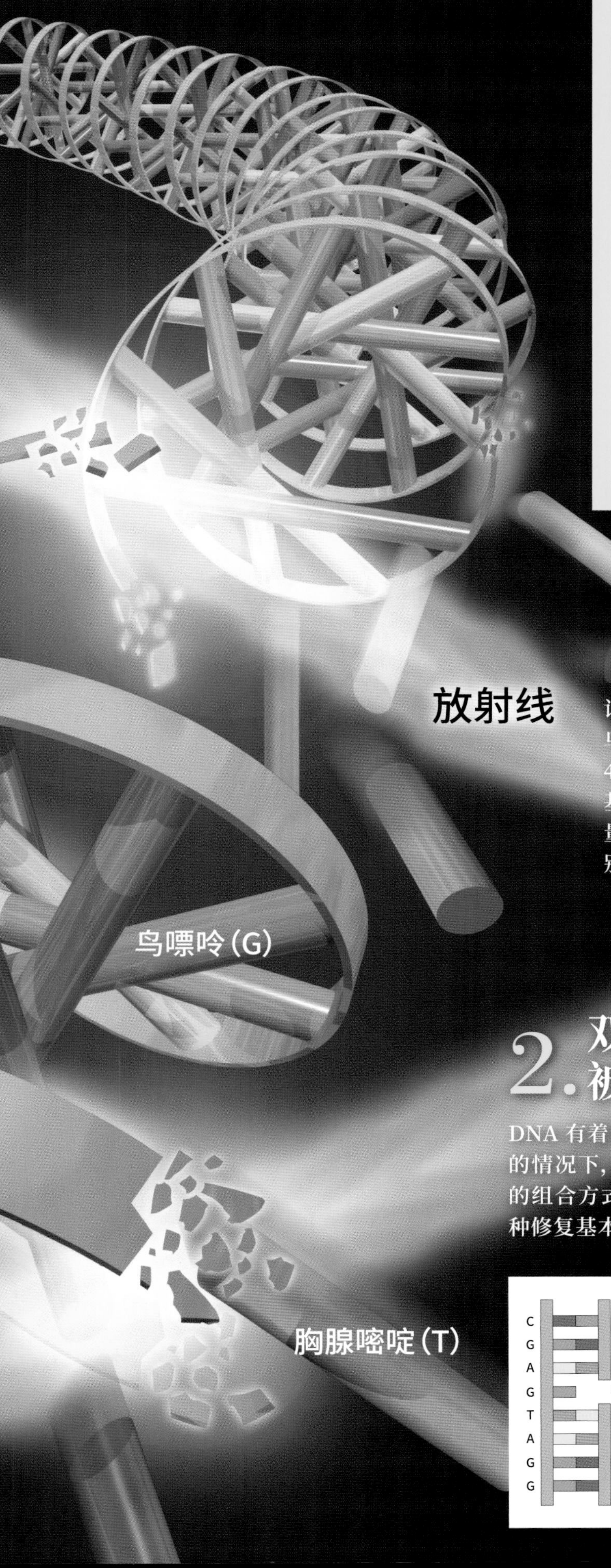

放射线

鸟嘌呤（G）

胸腺嘧啶（T）

1. 放射线会伤害细胞的DNA

记录遗传信息的 DNA，有腺嘌呤（A）、鸟嘌呤（G）、胸腺嘧啶（T）、胞嘧啶（C）4 种碱基，它们都具有双螺旋结构。碱基通过氢键连接时化学反应中产生的能量连接，但是这个能量和放射线相比特别小。因此，放射线很容易将 DNA 切断。

2. 双螺旋中一条链被切断的情况

DNA 有着自主修复损伤的酶系统，一条链被切断的情况下，碱基的另一条被留下来了。因为碱基的组合方式是固定的，相应的碱基会被修复。这种修复基本不会出错，所以不用担心发生癌变。

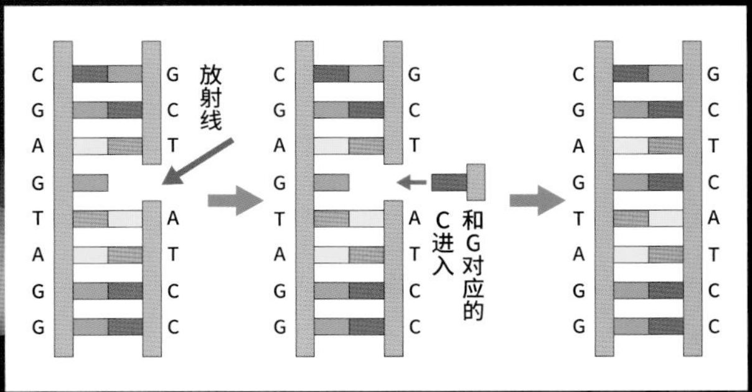

核电站的事故不仅造成了严重的环境污染，暴露在环境中的放射性物质释放出的放射线，会使人类和生物受到有害的影响。人体暴露在放射线中的话，细胞内的 DNA 会受损，造成细胞的死亡，暴露量越大发生癌症的概率越高，一次性暴露在大量放射线中会导致死亡。放射线到底是怎么损伤 DNA 的呢？我们来看看它的原理吧。

放射线

C 和 G 进入对应的

生物多样性的危机

由人类引起 第六次大量绝灭

在地球的历史中，过去发生了五次生物的大量绝灭。如今，我们正在生存的地球上，已经在发生第六次绝灭。但这都是很久以前的事情了。

生态系统的丧失和地球环境的崩溃紧密相连。

绝灭的速度比恐龙快 1000 倍 ?!

在地球漫长的生命史中，至少发生了五次生物的大量绝灭。奥陶纪末、泥盆纪晚期、二叠纪末、三叠纪末、白垩纪末的五个时代，因为激烈的火山运动和巨大陨石的撞击引起了环境的巨大变化，菊石和恐龙们就这样消失了。

现在，在白垩纪末的灭绝过去了6600万年之后，你知道正在发生史上第六次生物大灭绝吗？而且，并不像过去的五次一样是由天崩地裂造成的，而是由于人类引起的大量绝灭，这种绝灭的速度比白垩纪末的时候还要快。

右边的照片，是约100年内绝灭的生物的一部分。人类肆意猎杀，携带外来物种，造成土地污染和温室效应等，导致了生态系统紊乱，造成了这些生物的绝灭。物种绝灭的速度，相比人类出现之前的平均值快了1000倍，生物绝灭现在依然在加速进行着。面对这样的大量绝灭有没有解决办法呢？首先，让我们来看看"生物多样性"，即各种动植物保持相互关联的同时一起生存的样子。

至今为止大约100年内绝灭的生物

1 旅行鸽（1914 年 9 月绝灭）
2 袋狼（1936 年绝灭）
3 豚足袋狸（1950 年代绝灭）
4 落基山岩蝗（1902 年绝灭）
5 卡罗来纳州长尾小鹦鹉（1918 年绝灭）
6 日本水獭（1979 年绝灭）
7 毛里求斯大海龟（2012 年 6 月绝灭）
8 加利福尼亚州灰熊（1924 年绝灭）
9 草原松鸡（1932 年 3 月绝灭）
10 金蟾蜍（1989 年绝灭）

现在我们知道!

生物多样性 面临着危机

不能让下一代失去生物多样性

享受狩猎的文豪海明威

20 世纪 30 年代，欧内斯特·海明威在肯尼亚，一边写小说一边经常外出捕猎狮子。这样休闲狩猎的爱好和肆意捕杀密不可分。19 世纪末动物绝灭的主要原因是以食物、毛皮、羽毛等为目的的肆意狩猎。

如今地球的生物种类数量，可以分类的有 170 万种，估计最多有 3000 万至 1 亿种生物曾生活在地球上。这是生物诞生后度过了 40 亿年、适应了各种各样的环境进化而来的结果。这些生物们在森林、河流、沼泽、海洋等各种地方维持着各自之间的平衡，相互联系地生活着。这种多样且复杂的联系被称为"生物多样性"。但是，如今这种平衡开始崩溃，其原因指向了人类活动。

〇 日本国内哺乳类、鸟类、维管植物注1的绝灭情况

2012—2013 年，日本环境省公布的日本国内野生动物现状，以哺乳类为主，10 个分类中有绝灭风险的物种总计高到 3597 种，比 2006—2007 年公布的数据增加了 442 种。

■ 绝灭、野生绝灭 ■ 极危
■ 濒危 ■ 普通、数据缺乏

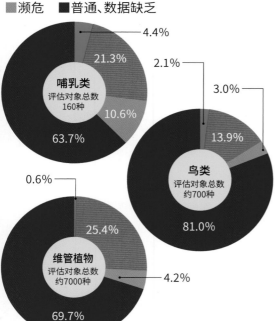

哺乳类 评估对象总数 160 种
4.4%
21.3%
10.6%
63.7%

鸟类 评估对象总数 约 700 种
2.1%
3.0%
13.9%
81.0%

维管植物 评估对象总数 约 7000 种
0.6%
25.4%
4.2%
69.7%

开发、滥捕、田地山林荒废造成的物种减少

首先，第一个要说的原因是，工业发展带来的弊端。开山凿路，填埋土地来建造工厂和住宅设施，这种土地开发全世界都在进行，这样的开发会破坏生物的多样性，直接造成土地生态系统的崩溃。另外，因为非法狩猎和商业利用等不必要的滥捕，导致了特定物种的生物绝灭。把非洲等热带树林中生活的野生动物作为食用肉的"丛林肉"也成了问题。

第二个要说的是，因为人为管理不足造成的自然环境的有效利用率低下。比如在日本，人类适当地管理杂木林、农地、池塘等构成的山林田地，可以保护自然的环境，维持丰富的生

IUCN 红色名录中濒危物种的数量

IUCN（世界自然保护联盟）制作了世界上面临绝灭风险的生物种类红色名录。生物种类按照分类法分类，为生物保护的优先顺序提供了帮助。

		人类发现的物种数量	调查的生存物种数量	濒危绝灭物种的数量	人类发现的物种中濒危绝灭的比例
动物	哺乳类	5513	5513	1199	22%
	鸟类	10425	10425	1373	13%
	爬行类	9952	4256	902	※9%
	两栖类	7286	6410	1961	27%
	鱼类	32800	11323	2172	※7%
植物	裸子植物	1052	1010	400	38%
	被子植物	268000	17838	9806	※4%

※数据不足

态系统。世界各地都存在像这样的田地山林，但是由于城市化和田地山林土地的过疏化导致管理田地的人减少，生态系统的平衡开始崩溃。日本狩猎人数的减少使得虾夷鹿[注2]和野猪的数量增加，可见人类活动对生态系统造成了巨大的影响。

因为外来物种和全球变暖造成的生态系统紊乱

第三个原因是，外来物种入侵造成的生态系统破坏，特别是"侵略性外来物种"。它们大多是从海外进口的作为宠物的动物，要么是主人把它们放生到野外，要么动物自己逃出，这给当地生物和自然造成了恶劣影响。这其中，原产于北美、后扩大到全日本的大口黑鲈[注3]以及原产于非

洲、后被带入冲绳的非洲蜗牛很有名。它们要么捕食当地的动植物，要么和当地类似的物种争夺食物和霸占它们的生存环境，使得当地的生态系统崩溃。另外，由于近亲交配，产生了杂种，也存在遗传基因受到污染的担忧。

第四个原因，由于全球变暖引起的环境变化。也有研究报告指出，生存在南极的帝企鹅，繁衍后代需要海水，因为地球温暖化造成的海水减少，可能在将来使得帝企鹅的数量急剧减少。如果大气中的二氧化碳浓度增加，生活在南半球澳大利亚的考拉，会因为食物桉树叶中营养素的减少而陷入生存危机。另外，由于海水酸化，阻碍了珊瑚的骨骼形成。

为了防止这样的情况发生，以保护生物，我们需要采取设置特定的保护区等措施，选择能够维持多样生物生活的场所。然后，更重要的是了解自然生态系统的重要性。如果我们每一个人加强对生物多样性的理解和认识，我们也许就迈出了阻止第六次生物大量灭绝的一小步。

野生动物的"丛林肉"问题
黑猩猩、大猩猩等灵长类和大象等野生动物在非洲等地被捕杀，作为"丛林肉"在市场上被高价售卖。

因为全球变暖，栖息地减少的雷鸟
雷鸟生活在高山地带，害怕炎热，因为温室效应气候上升，生存越来越艰难。

非洲蜗牛，
对生态系统造成巨大影响的外来物种

原产非洲的非洲蜗牛，是壳径7厘米到8厘米、壳高20厘米的巨大蜗牛。因为顽强的生命力和强大的繁殖能力，非洲蜗牛给入侵地的生态系统带来了毁灭性的影响。它可能作为中间宿主携带致死的寄生虫，所以被IUCN列为需要特殊注意的外来生物。

科学笔记

【维管植物】 第86页注1
拥有输送水和养分等输导系统的"维管"植物，蕨类植物和种子植物的总称。

【虾夷鹿】 第87页注2
生活在北海道的低地到山林间，过去濒临绝灭，政府因此禁猎。但是因为天敌虾夷狼的绝灭和狩猎人数的急速减少，1990年其数量爆发性增加。它们采食能力极强，吃光了树皮，破坏了北海道各地的森林和高山带的生态系统，成为问题。

【大口黑鲈】 第87页注3
被称为黑鲈的淡水鱼，过去是北美的品种，因为钓鱼运动和食用的原因被世界各地引入，日本在1925年引入，20世纪70年代以后迅速扩大。因为大口黑鲈的捕食和竞争，日本的湖泊和池塘中生存的本地品种变少。

 近距直击 ● ● ●

国际公约中对生物多样性的保护

《生物多样性公约》于1992年5月在肯尼亚的生物多样性公约政府间谈判委员会第7次会议上通过。次月，在巴西的联合国环境与发展会议上开始由签约国签署，1993年生效，现在有190个以上的国家和地区签署。公约中指出应在全球范围内保持生态系统、种类、基因的生物多样性。

联合国环境与发展会议上，除了172个国家的政府代表外，还有多个国际机构和非政府组织代表参加

加利福尼亚植物群地区

以加利福尼亚州沿岸为中心，包括俄勒冈州和墨西哥的一部分。在这个地中海气候的土地上，有着众多固有物种。这里也是美洲最大的鸟类繁殖地。

危机：农业的影响和城市的扩大造成的自然破坏。

世界第一的巨树，野生的巨杉

马德雷高木森林

包含美国南部的一部分，大部分为墨西哥的主要山岳地带，总面积约为46万平方千米，在主要为松树和橡树的森林里，生长着墨西哥大约25%的植物种类。

危机：过度采伐造成的森林破坏。

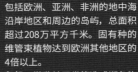

进行3000千米以上大迁徙的黑脉金斑蝶的越冬地

地中海沿岸

包括欧洲、亚洲、非洲的地中海沿岸地区和周边的岛屿，总面积超过208万平方千米。固有种的维管束植物达到欧洲其他地区的4倍以上。

危机：游览地开发等造成濒危物种的增加。

被认为绝灭危险性极高的地中海僧海豹

高加索

伊朗-安纳托利亚地区

非洲之角

波利尼西亚和密克罗尼西亚

中部美洲

加勒比海诸岛

东非山岳地带

西非几内亚森林

东非沿岸森林

通贝斯-乔科-马格达莱纳

热带安第斯山脉

委内瑞拉西部至阿根廷，拥有150万平方千米以上面积的地区。这片地区上有3万种以上的植物和1700种以上的鸟类，有着最丰富的生物资源。

危机：石油采掘和水坝开发造成的森林显著减少。

已经绝灭的黄尾毛猴

大西洋森林地带

马普托兰-蓬多兰-奥尔巴尼地区

卡鲁沙漠多肉植物地区

瓦尔迪维亚森林（智利冬季降雨地带）

随手词典

【美洲红树】

不单是植物的名称，也指从热带到亚热带地区的河口或海岸线等半咸水区能看见的森林。世界上大约有70种至100种植物构成红树林。

坎普群落

面积约为200万平方千米。区域主要在巴西国内，约占国土面积的21%。广泛分布着森林和热带大草原等不同的植被类型，栖息着很多鸟类和大型哺乳类的固有物种。

危机：农业用地的激增，威胁生态系统。

栖息地减少，被认定为濒危物种的大食蚁兽

开普植被区

分布在南非共和国西南部海岸约78000平方千米的地区，是非热带地区中世界首屈一指的植被地区，被称为"花之王国"。

危机：外来品种的引入和农业用地扩大造成的固有植被的减少。

地区内的开普植物保护区被列入世界遗产

喜马拉雅山脉

横跨东西约3000千米，面积约为75万平方千米。有着以珠穆朗玛峰为首的山岳地带和山麓的亚热带阔叶林带等丰富的生态系统，栖息着老虎、大象和大型鸟类等珍贵野生动物。
危机：气候变化和偷猎等造成的野生动物减少。

因为温室效应的影响，不断扩大的马纳斯鲁峰山麓的图拉吉冰川湖

中国西南山地

青藏高原的东端到云南省东部的262400平方千米以上的地区。从海拔2000米以上到7000米以下的复杂地形里，生活着大熊猫等野生动物。
危机：威胁生态系统的水坝建设和森林采伐。

生活在云南省自然保护区的濒危物种金丝猴

原理揭秘

生物多样性 热点地区

日本

从南边的温暖湿润气候到北边的亚寒带湿润气候的广阔地区中，有着极具变化性的气候和多彩的生态系统。其中栖息的脊椎动物约25%为固有品种。
危机：由于都市化的进行和外来物种的入侵而造成的自然环境破坏。

青森县下北半岛的日本猴，是日本最北端除人类以外唯一的灵长类动物

中亚山地

印缅地区

菲律宾

波利尼西亚、密克罗尼西亚

印度西高止山脉及斯里兰卡

巽他古陆

华莱士区

东澳大利亚森林地带

新喀里多尼亚

新西兰

澳大利亚西南部

○ + ○ + ○ + ○ **生物多样性热点地区**

※ 为了明确相邻地区的边界，使用颜色进行区分。

东美拉尼西亚诸岛

新几内亚岛的东北方向大约有1600个群岛，可以看到红树林、湿地林、干燥林、热带林等植被。
危机：生态系统受到威胁，过度的森林采伐和烧垦等。

现在呼吁保护生物多样性，"生物多样性热点地区"也就引人注目起来。"生物多样性热点地区"这一概念是在1988年由英国的生物保护学者诺曼·迈尔斯提出的，是指一个地区生长的维管植物的固有种类超过1500种，具有丰富的生物多样性，另一方面，指改变了原本70%以上的生态系统的地区。让我们来瞧瞧生物多样性热点地区到底在哪里。

马达加斯加及印度洋诸岛

由马达加斯加岛和周边的诸多小岛构成。马达加斯加岛上生活着维氏冕狐猴和环尾狐猴等很多固有品种的哺乳类，在塞舌尔诸岛上生活着濒危绝灭的鸟类。
危机：森林采伐和偷猎造成的栖息物种数量减少。

在地上跳来跳去的固有品种，维氏冕狐猴

因为保护行动，儒艮的栖息地变多

地球博物志

日本已绝灭的动植物

| Extinct animals and plants of Japan |

曾经在日本生存过的动植物

日本以世界自然保护联盟（IUCN）发布的濒危物种红色名录为基准，制作并公布了环境省的红色名录。2012年—2013年公布的第四版红色名录中记载了绝灭的44种动物、66种植物。我们来介绍其中几种吧。

环境省红色名录分类

绝灭（EX）	在日本已经绝灭的物种
野外绝灭（EW）	只在饲养和培育下续存的物种
绝灭危险（Threatened）	
绝灭危险Ⅰ类（CR+EN）	濒临绝灭的物种
极危类（CR）	将来短时间内面临野生绝灭的危险性极高的物种
濒危类（EN）	虽然不是极危类，在不久的将来面临野生绝灭的危险性高的物种
绝灭危险Ⅱ类（VU）	绝灭的危险性在增大的物种
近危（NT）	存续基础脆弱的物种
数据缺乏（DD）	评估信息不足的物种
有绝灭危险的地区个体群（LP）	地区性孤立的个体群，存在绝灭危险性高的种类

【琉球狐蝠】

| Pteropus loochoensis Gray |

一个伦敦自然史博物馆收藏的标本

冲绳岛在19世纪时还记录着三四只的捕获记录，但是20世纪以后就没有记录了，只有在伦敦自然史博物馆还存在着两个标本。前臂长140毫米左右，没有尾巴。因为在冲绳岛上还生活着大小差不多、与之同属的项圈大蝙蝠，为什么琉球狐蝠会绝灭现在还是个未解之谜。

数据	
红色名录分类	哺乳类
分类	翼手目大蝙蝠科
曾经的生存地区	不详
最后的生存信息	不详

【日本狼】

| Canis lupus hodophilax |

狼中体型最小的一种，特别是四肢和耳朵很短。身长95厘米到114厘米，尾长约30厘米，耳朵长约8厘米。广泛生活在日本的本州、四国、九州的山地，以捕食鹿和野猪等为生，被认为是生态系统中的顶级捕食者之一。其剥制标本在日本国内只有三个。另外，在荷兰有一个德国医生西博尔特赠送的标本。

和歌山县立自然博物馆的标本，每年1月会设特别展

数据	
红色名录分类	哺乳类
分类	食肉目犬科
曾经的生存地区	本州、四国、九州
最后的生存信息	1905年 奈良县东吉野村

【紫冠鸭】

| Tadorna cristata |

特征为不论雌雄，头部都有带点绿色的黑色冠羽，是世界上只存在3个标本的珍稀品种之一，只在日本江户时代的写生图上出现了几次，其中之一画的是1822年在现在北海道函馆市捕获的雌鸭和雄鸭。推测其原本数量就很少，因为捕猎，数量就逐渐减少以至绝灭。

千叶县我孙子市的山阶鸟类研究所保管的标本

数据	
红色名录分类	鸟类
分类	鸭目鸭科
曾经的生存地区	北海道
最后的生存信息	不详

近距直击 •••

绝灭的鱼类——国鳟

国鳟，曾经只生活在秋田县田泽湖里的淡水鱼，1940年左右绝灭，在红色名录中被记载在"绝灭"的分类里，但是2010年在山梨县西湖发现了一种鱼，基因分析结果显示为国鳟。于是，第4次的红色名录把它从绝灭（EX）修改为野生绝灭（EW）。

日本山梨县西湖的国鳟，1935年被运送的鱼卵的后代

【条纹黑龙虱】

Prodaticus satoi

全长 15 毫米左右的中型黑龙虱。虽然被记载广泛分布于关东地区的西部，但 20 世纪 60 年代开始急剧减少。绝灭原因虽然不明确，但普遍认为是因为栖息地减少和相比其他昆虫来说更易受农药的影响。黑龙虱等水生昆虫的衰退显著，日本生存的大约 50% 的水生昆虫都被列入了第四版红色名录中。

爱媛县 1953 年采集的条纹黑龙虱的标本

数据

红色名录分类	昆虫类
分类	甲虫目龙虱科
曾经的生存地区	本州、四国、九州地区
最后的生存信息	1988年 静冈县伊东市

【鲟鱼】

Acipenser medirostris

虽然曾经在日本北海道的河川中洄游，但是经历了大正到昭和初期，其身影迅速消失，后来绝灭了。普遍认为曾经存在帝王日本鲟和卡卢加鲟鱼两个品种，现在在极少的情况下，石狩川河口周围和石狩湾等地方捕获到被认为是从俄罗斯来的鲟鱼。鲟鱼绝灭的确切原因虽然尚不明确，但是栖息环境的恶化目前被认为是主要原因。

2013 年在北海道罗臼町冲捕获的帝王日本鲟

数据

红色名录分类	半咸水、淡水鱼类
分类	鲟形目鲟科
曾经的生存地区	北海道石狩川和天盐川
最后的生存信息	不详

【白腹黑啄木】

Dryocopus javensis richardsi

全长 48 厘米左右的大型啄木鸟，雄鸟头顶、冠羽、下巴附近为红色，雌鸟的头部和下巴附近为黑色。在日本对马的森林中，不成群而是结对地生活着。19 世纪 90 年代时有其生存着的记录，但是因为栖息地的自然树林的减少以及胡乱捕杀而绝灭。现在少数和在对马生活过的相同亚种的白腹黑啄木生活在韩国京畿道的一部分地区。

数据

红色名录分类	鸟类
分类	䴕形目啄木鸟科
曾经的生存地区	长崎县对马
最后的生存信息	1920年 长崎县对马

1902 年在对马北部采集到的雄白腹黑啄木的剥制标本，现在在对马町历史民宿资料馆保存

【宽叶石松】

Lycopodium cunninghamioides

常绿蕨类植物，附生在树干上会下垂，最长的长度约为 70 厘米，叶子为扁平细长的披针形。有研究蕨类的学生在鹿儿岛县奄美大岛上采集的记录，但是之后在国内没有发现的报告，被认定为绝灭物种。日本产的唯一标本收藏于日本国立科学博物馆。

数据

红色名录分类	植物 I（维管束植物）
分类	石松目石松科
曾经的生存地区	鹿儿岛县
最后的生存信息	1966年 鹿儿岛县

日本国立科学博物馆的标本，左边的长约 6 厘米，右边的约 20 厘米

新闻聚焦

日本鳗鱼成濒危物种

2014 年 6 月世界自然保护联盟发布的红色名录中，日本鳗鱼被认定为"濒危"。在环境省的红色名录和第四版红色名录中从"数据缺乏（DD）"改为"濒危（EN）"。天然鳗鱼的捕获量数据显示，鳗鱼近 3 代（12～45 年）的时间里整体减少率为 72% 到 92%。

2014 年 9 月日本、韩国、中国大陆、中国台湾对减少养殖用幼鱼达成一致

【狭叶紫菜】

Porphyra angusta Okamura & Ueda

日本固有的紫菜之一，分布于关东地区的海里，叶子的形状为宽度狭窄的披针形，雌雄异株表面有突出的受精管，除了有 1940 年左右在东京湾采集的标本以外，基本没有记载。日本东北地区的日本海沿岸虽然有养殖的同名紫菜，但是因为已经确认为其他品种，所以普遍认为狭叶紫菜已经绝灭。

数据

红色名录分类	植物 II（藻类）
分类	红毛菜目红毛菜科
曾经的生存地区	关东地区
最后的生存信息	不详

日本国立科学博物馆保管的标本

悬空的祈祷和冥想之地

迈泰奥拉

位于希腊的特里卡拉。1988 年被列入《世界遗产名录》。

希腊西北部的迈泰奥拉，有着 60 座高达 20 米至 400 米的奇特岩石。奇石群大约在 6000 万年前，由流经品都斯山脉的品都斯河侵蚀而成。14 世纪，岩石顶上居住着隐修士们，对于在神的身旁祈祷的他们来说，悬空的岩顶是个不错的地方。这里的景色是自然和人类共同创造的结晶。

位于迈泰奥拉的主要的修道院

迈泰奥拉修道院

迈泰奥拉最大的修道院，矗立在海拔 500 米以上的岩石上。以前人们通过绳梯上下，现在有了 115 级台阶。于 1388 年建立。

圣三位一体修道院

1476 年建立，建立于海拔 565 米的地方。可以利用约 140 级台阶上下行走，重物可以利用索道。

瓦尔拉姆修道院

1517 年在 14 世纪隐修士居所的基础上修建。现在仍然保留了当时岩石上垂下来以上下使用的绳梯。

鲁萨努修道院

这座仿佛镶嵌在岩石里的建筑建立于 13 世纪后半期。1545 年成为修道院，现在是女子修道院。

令人难忘的迈泰奥拉景观

相传这些奇特的岩石是希腊神话中的宙斯从天上扔下来形成的。岩石上的修道院是怎样建成的，以及从何时起这里被称为迈泰奥拉的都还不清楚。从 15 世纪到 16 世纪为修道院群的全盛时期，这里有 24 座希腊正教的修道院，现在还存在包括鲁萨努修道院在内的 6 座修道院。

地球之谜

大航海时代起照亮夜空的无声之雷的谜团

马拉开波的灯塔

过去，夜晚去往加勒比海的船只，依靠没有声音的闪电作为灯塔。

这个『灯塔』在南美洲委内瑞拉的马拉开波湖。

强烈的闪电至今仍然将夜晚的黑暗割裂。让我们来找找这种现象的原因。

马拉开波湖，位于委内瑞拉的西北部，面积为 13210 平方千米，是东京 23 区面积的 20 倍还多，通过水路和委内瑞拉湾相连，其尽头就是加勒比海。

另外，据说委内瑞拉的国家名称是 1499 年踏上这片土地的意大利人亚美利哥·韦斯普奇和同行的航海者命名的。当他们看到马拉开波湖的水上聚落，回想起了意大利的水上之都威尼斯，据说就以"小威尼斯"的意思命名了。

"马拉开波的灯塔"这个词最早以文字形式出现于 1597 年西班牙人所写的叙事诗中。当时还是航海技术尚未成熟的大航海时代，去往加勒比海的船只上的水手们，据说依靠着众多照亮黑夜的耀眼闪电作为"灯塔"。

但是令人不解的是，这种雷电现象却没有伴着雷鸣，它是没有声音的。

"马拉开波的灯塔"现象，至今仍然存在。度过了几个世纪，为什么只有这片土地上，夜晚有着照亮黑暗的闪电。

一般闪电出现于日落一个小时之后，闪电有时神圣，有时像世界末日一般张牙舞爪，最长持续时间可以长达 10 小时之久。

为什么只有闪电没有雷声

闪电多发在马拉开波湖南边的卡塔通博河河口区域。

那里有广阔的湿地，靠捕获淡水鱼为生的

航天飞机拍摄的马拉开波湖，虽然是南美大陆面积最大的湖泊，但因为照片上方可以看见通过水路和委内瑞拉湾相连，所以严格来说不能被称为湖

被激烈闪电包围的卡塔通博河也是热门的观光景点，一次闪电的放电量，换算成灯泡的话大概是 1 亿个灯泡同时发光。但是因为雷电多发，也会发生死亡事故

人们零散地分布在水的聚落之中。交错纵横的水路被红树林覆盖着，这样的自然环境中生活着河豚和鳄鱼。

闪电原本是指在云间或者是在云和地表之间的放电现象。关于闪电的形成虽然还有很多未解之谜，但是简单来说，是由于地表的温度升高，产生了上升气流。大气的湿度达到一定程度，使得水汽变成云，强烈的上升气流使得云在高空中形成。水汽在高空中形成冰晶或者米雪，由于上升气流的扰动而反复摩擦。因此，在云中积蓄了静电，扩大了上层和下层的电位差，以至于最终产生了放电现象。

"马拉开波的灯塔"也被称为"卡塔通博闪电"，这个现象的科学解答，在此 10 年间取得了很大进展。

没有声音的原因其实很简单，虽

在马拉开波湖畔，现在仍然存在着以捕捞淡水鱼为生的人

广阔的卡塔通博河上被湿地中的红树林覆盖的地区，在森林里有着复杂的小水路

然雷鸣是在放电现象中产生的声音，但是一般能听到声音的距离大约为 10 千米到 15 千米。

马拉开波湖，如前所述是个巨大的湖泊，而且是个没有障碍物、一眼就能看到很远的湖泊。打个比方，这个湖从南边的卡塔通博河河口到北边委内瑞拉湾，有 150 千米之长，所以就算在某些地方看见无声的闪电也就不奇怪了。那么，为什么这个地方有这么多的闪电呢？

被列入《吉尼斯世界纪录》

近年来，人们逐渐明白马拉开波的灯塔产生的主要原因应该是湖的周围被安第斯山脉为主的高山所包围。

基本上一年当中，在马拉开波湖的上空都吹着强烈的东风。在这东风中包含着从湖面不断蒸发的温暖湿润的空气。这个风和西南走向的安第斯山脉以及西边海拔 3750 米的山脉相撞，猛烈地刮进了西南部的湿地中。这里产生了强烈的上升气流，垂直方向上不断膨胀的积雨云，成了雷电的发生地。

在这样特殊的地形上，一部分的地区会经常发生雷电，也就是说就像在天然的发电厂中，闪电也像家常便饭一样了。

但是，在 2010 年中有 6 周没有观测到闪电，这引起了人们的不安。在 1906 年同样有持续没有观测到闪电的情况，当时厄瓜多尔的海岸发生了 8.8 级地震，造成了巨大伤害。值得庆幸的是 2010 年的时候没有发生地震。

2014 年 1 月，卡塔通博河河口作为"世界上闪电最多的地方"被记入吉尼斯世界纪录。据推算一个小时内闪过的闪电

最多约有 3600 条。一般来讲 4 月到 1□月闪电发生频繁，用一年换算的话，划□天空的闪电居然有 120 万条。这样的景色简直就像原始地球一样。但令人担忧的是闪电和地震之间的关系尚不明确。

Q 日本在进口大量的水吗？

A 虽然日本的年平均降水量是世界年平均降水量的两倍，但是人均的水资源还不到世界人均的一半。日常生活中日本人可能并没有感受到水资源不足，这是因为日本进口了大量的"虚拟水"。虚拟水是指进口粮食的国家假设自己国家生产这些进口粮食需要多少水的假想水量。2005年日本虚拟水的进口量约为8000万升，是世界范围内最多的。

Q 世界上人类的主要死亡原因是什么？

A 根据世界卫生组织的数据显示，2012年，大约5600万人死亡的主要原因如图，以心绞痛和心肌梗死为代表的缺血性心脏疾病和以脑梗死和蛛网膜下腔出血等脑中风的比例较高。缺血性心脏疾病、脑溢血、慢性阻塞性肺疾病、下呼吸道感染从十年前就成为人类死亡的主要原因，死亡数值一直占据高位。

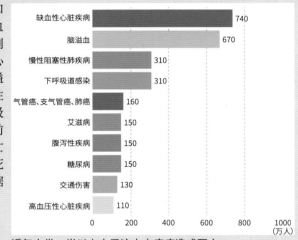

疾病	死亡人数
缺血性心脏疾病	740
脑溢血	670
慢性阻塞性肺疾病	310
下呼吸道感染	310
气管癌、支气管癌、肺癌	160
艾滋病	150
腹泻性疾病	150
糖尿病	150
交通伤害	130
高血压性心脏病	110

(0 200 400 600 800 1000 万人)

近年人类一半以上由于这十大疾病造成死亡

Q 人类的寿命极限是几岁？

A 意大利的人口学者计算过，公元元年的人类平均寿命只有大约22年。如今人类的平均寿命着实被延长了，到2012年为止人类的世界平均寿命男性为68.1岁，女性为72.7岁。另外，世界上存在过年龄最大的人活了122岁，是一位1997年去世的法国女性。从这一点看出，虽然有学说认为人类寿命的极限为120岁左右，但是也有学者认为由于医疗技术的发展，寿命的极限也会被延长。不管怎么样，现在超过120岁还是很稀少的。

Q 《拉姆萨尔公约》是什么？

A 为了推进保护重要生态系统的湿地中生活的动植物，1971年在伊朗拉姆萨尔签署的公约。至2014年9月，已有168个国家签署，2186个湿地被列入公约名单。《拉姆萨尔公约》以"保全和再生""理性利用""交流学习"三种思考方式为基础，在维持湿地生态系统的同时，以维持人类的利益、可持续发展为目标，成为推进交流与教育活动的准则。

日本于1980年加入，被列入的湿地是钏路湿原，日本国内第一个

Q 有从濒危中恢复的动物吗？

A 虽然很多野生动物都在消失，但是因为世界自然保护联盟（IUCN）的红色名录中记载了濒危物种，以此为契机的保护行动也在进行，因此也有在名单中的动物的数量在增长。有报告指出，2013年欧洲的帮牛、白头硬尾鸭等濒临绝灭的动物和鸟类的一部分的数量在这50年间快速恢复，这是因为自然保护者正在驱逐其天敌——獴。但是，这只是少数例子而已，整体的生物多样性仍然一点点在消失。

冲绳秧鸡的数量从1000只恢复到了1500只

这套书一言以蔽之就是"大"：开本大，拿在手里翻阅非常舒适；规模大，有 50 个循序渐进的专题，市面罕见；团队大，由数十位日本专家倾力编写，又有国内专家精心审定；容量大，无论是知识讲解还是图片组配，都呈海量倾注。更重要的是，它展现出的是一种开阔的大格局、大视野，能够打通过去、现在与未来，培养起孩子们对天地万物等量齐观的心胸。

面对这样卷帙浩繁的大型科普读物，读者也许一开始会望而生畏，但是如果打开它，读进去，就会发现它的亲切可爱之处。其中的一个个小版块饶有趣味，像《原理揭秘》对环境与生物形态的细致图解，《世界遗产长廊》展现的地球之美，《地球之谜》为读者留出的思考空间，《长知识！地球史问答》中偏重趣味性的小问答，都缓解了全书讲述漫长地球史的厚重感，增加了亲切的临场感，也能让读者感受到，自己不仅是被动的知识接受者，更可能成为知识的主动探索者。

在 46 亿年的地球史中，人类显得非常渺小，但是人类能够探索、认知到地球的演变历程，这就是超越其他生物的伟大了。

——清华大学附属中学校长

纵观整个人类发展史，科技创新始终是推动一个国家、一个民族不断向前发展的强大力量。中国是具有世界影响力的大国，正处在迈向科技强国的伟大历史征程当中，青少年作为科技创新的有生力量，其科学文化素养直接影响到祖国未来的发展方向，而科普类图书则是向他们传播科学知识、启蒙科学思想的一个重要渠道。

"46 亿年的奇迹：地球简史"丛书作为一套地球百科全书，涵盖了物理、化学、历史、生物等多个方面，图文并茂地讲述了宇宙大爆炸至今的地球演变全过程，通俗易懂，趣味十足，不仅有助于拓展广大青少年的视野，完善他们的思维模式，培养他们浓厚的科研兴趣，还有助于养成他们面对自然时的那颗敬畏之心，对他们的未来发展有积极的引导作用，是一套不可多得的科普通识读物。

——河北衡水中学校长

"46亿年的奇迹：地球简史"值得推荐给我国的少年儿童广泛阅读。近20年来，日本几乎一年出现一位诺贝尔奖获得者，引起世界各国的关注。人们发现，日本极其重视青少年科普教育，引导学生广泛阅读，培养思维习惯，激发兴趣。这是一套由日本科学家倾力编写的地球百科全书，使用了海量珍贵的精美图片，并加入了简明的故事性文字，循序渐进地呈现了地球46亿年的演变史。把科学严谨的知识学习植入一个个恰到好处的美妙场景中，是日本高水平科普读物的一大特点，这在这套丛书中体现得尤为鲜明。它能让学生从小对科学产生浓厚的兴趣，并养成探究问题的习惯，也能让青少年对我们赖以生存、生活的地球形成科学的认知。我国目前还没有如此系统性的地球史科普读物，人民文学出版社和上海九久读书人联合引进这套书，并邀请南京古生物博物馆馆长冯伟民先生及其团队审稿，借鉴日本已有的科学成果，是一种值得提倡的"拿来主义"。

——华中师范大学第一附属中学校长

周鹏程

　　青少年正处于想象力和认知力发展的重要阶段，具有极其旺盛的求知欲，对宇宙星球、自然万物、人类起源等都有一种天生的好奇心。市面上关于这方面的读物虽然很多，但在内容的系统性、完整性和科学性等方面往往做得不够。"46亿年的奇迹：地球简史"这套丛书图文并茂地详细讲述了宇宙大爆炸至今地球演变的全过程，系统展现了地球46亿年波澜壮阔的历史，可以充分满足孩子们强烈的求知欲。这套丛书值得公共图书馆、学校图书馆乃至普通家庭收藏。相信这一套独特的丛书可以对加强科普教育、夯实和提升我国青少年的科学人文素养起到积极作用。

——浙江省镇海中学校长

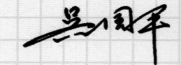

人类文明发展的历程总是闪耀着科学的光芒。科学，无时无刻不在影响并改变着我们的生活，而科学精神也成为"中国学生发展核心素养"之一。因此，在科学的世界里，满足孩子们强烈的求知欲望，引导他们的好奇心，进而培养他们的思维能力和探究意识，是十分必要的。

摆在大家眼前的是一套关于地球的百科全书。在书中，几十位知名科学家从物理、化学、历史、生物、地质等多个学科出发，向孩子们详细讲述了宇宙大爆炸至今地球46亿年波澜壮阔的历史，为孩子们解密科学谜题、介绍专业研究新成果，同时，海量珍贵精美的图片，将知识与美学完美结合。阅读本书，孩子们不仅可以轻松爱上科学，还能激活无穷的想象力。

总之，这是一套通俗易懂、妙趣横生、引人入胜而又让人受益无穷的科普通识读物。

——东北育才学校校长

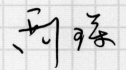

读"46亿年的奇迹：地球简史"，知天下古往今来之科学脉络，激我拥抱世界之热情，养我求索之精神，蓄创新未来之智勇，成国家之栋梁。

——南京师范大学附属中学校长

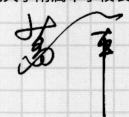

我们从哪里来？我们是谁？我们要到哪里去？遥望宇宙深处，走向星辰大海，聆听150个故事，追寻46亿年的演变历程。带着好奇心，开始一段不可思议的探索之旅，重新思考人与自然、宇宙的关系，再次体悟人类的渺小与伟大。就像作家特德·姜所言："我所有的欲望和沉思，都是这个宇宙缓缓呼出的气流。"

——成都七中校长

看到这套丛书的高清照片时，我内心激动不已，思绪倏然回到了小学课堂。那时老师一手拿着篮球，一手举着排球，比画着地球和月球的运转规律。当时的我费力地想象神秘的宇宙，思考地球悬浮其中，为何地球上的江河海水不会倾泻而空？那时的小脑瓜虽然困惑，却能想及宇宙，但因为想不明白，竟不了了之，最后更不知从何时起，还停止了对宇宙的遐想，现在想来，仍是惋惜。我认为，孩子们在脑洞大开、想象力丰富的关键时期，他们应当得到睿智头脑的引领，让天赋尽启。这套丛书，由日本知名科学家撰写，将地球 46 亿年的壮阔历史铺展开来，极大地拉伸了时空维度。对于爱幻想的孩子来说，阅读这套丛书将是一次提升思维、拓宽视野的绝佳机会。

——广州市执信中学校长

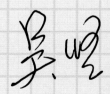

　　这是一套可作典藏的丛书：不是小说，却比小说更传奇；不是戏剧，却比戏剧更恢宏；不是诗歌，却有着任何诗歌都无法与之比拟的动人深情。它不仅仅是一套科普读物，还是一部创世史诗，以神奇的画面和精确的语言，直观地介绍了地球数十亿年以来所经过的轨迹。读者自始至终在体验大自然的奇迹，思索着陆地、海洋、森林、湖泊孕育生命的历程。推荐大家慢慢读来，应和着地球这个独一无二的蓝色星球所展现的历史，寻找自己与无数生命共享的时空家园与精神归属。

——复旦大学附属中学校长

地球是怎样诞生的，我们想过吗？如果我们调查物理系、地理系、天体物理系毕业的大学生，有多少人关心过这个问题？有多少人猜想过可能的答案？这种猜想和假说是怎样形成的？这一假说本质上是一种怎样的模型？这种模型是怎么建构起来的？证据是什么？是否存在其他的假说与模型？它们的证据是什么？哪种模型更可靠、更合理？不合理处是否可以修正、如何修正？用这种观念解释世界可以为我们带来哪些新的视角？月球有哪些资源可以开发？作为一个物理专业毕业、从事物理教育 30 年的老师，我被这套丛书深深吸引，一口气读完了 3 本样书。

　　学会用上面这种思维方式来认识世界与解释世界，是科学对我们的基本要求，也是科学教育的重要任务。然而，过于功利的各种应试训练却扭曲了我们的思考。坚持自己的独立思考，不人云亦云，是每个普通公民必须具备的科学素养。

　　从地球是如何形成的这一个点进行深入的思考，是一种令人痴迷的科学训练。当你读完全套书，经历 150 个节点训练，你已经可以形成科学思考的习惯，自觉地用模型、路径、证据、论证等术语思考世界，这样你就能成为一个会思考、爱思考的公民，而不会是一粒有知识无智慧的沙子！不论今后是否从事科学研究，作为一个公民，在接受过这样的学术熏陶后，你将更有可能打牢自己安身立命的科学基石！

——上海市曹杨第二中学校长

王洋

强烈推荐"46 亿年的奇迹：地球简史"丛书！

　　本套丛书跨越地球 46 亿年浩瀚时空，带领学习者进入神奇的、充满未知和想象的探索胜境，在宏大辽阔的自然演化史实中追根溯源。丛书内容既涵盖物理、化学、历史、生物、地质、天文等学科知识的发生、发展历程，又蕴含人类研究地球历史的基本方法、思维逻辑和假设推演。众多地球之谜、宇宙之谜的原理揭秘，刷新了我们对生命、自然和科学的理解，会让我们深刻地感受到历史的瞬息与永恒、人类的渺小与伟大。

——上海市七宝中学校长

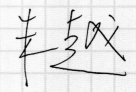

著作权合同登记号 图字01-2020-4516 01-2020-5417 01-2020-4523

Chikyu 46 Oku Nen No Tabi 45 Saishuu Hyouki Ga Owari, Tourai Shita "Genzai no Sekai";
Chikyu 46 Oku Nen No Tabi 46 Chikyuushi No Aratana Makuake "Bunmei" No Tanjou;
Chikyu 46 Oku Nen No Tabi 47 Jinrui No Hanei To Chikyuu Kankyou;
©Asahi Shimbun Publication Inc. 2014
Originally Published in Japan in 2014
by Asahi Shimbun Publication Inc.
Chinese translation rights arranged with Asahi Shimbun Publication Inc.
through TOHAN CORPORATION, TOKYO.

图书在版编目（CIP）数据

显生宙. 新生代. 4 / (日) 朝日新闻出版著 ; 安春
玲, 刘思琦译. -- 北京 : 人民文学出版社, 2021 (2021.11重印)
（46亿年的奇迹：地球简史）
ISBN 978-7-02-016538-4

Ⅰ. ①显… Ⅱ. ①朝… ②安… ③刘… Ⅲ. ①新生代
—普及读物 Ⅳ. ①P534.4-49

中国版本图书馆CIP数据核字(2020)第133581号

总 策 划　黄育海
责任编辑　甘　慧　王晓星
装帧设计　汪佳诗 钱　珺 李　佳 李苗苗

出版发行　人民文学出版社
社　　址　北京市朝内大街166号
邮政编码　100705

印　　制　凸版艺彩(东莞)印刷有限公司
经　　销　全国新华书店等

字　　数　151千字
开　　本　965毫米×1270毫米　1/16
印　　张　6.75
版　　次　2021年1月北京第1版
印　　次　2021年11月第4次印刷

书　　号　978-7-02-016538-4
定　　价　100.00元

如有印装质量问题, 请与本社图书销售中心调换。电话:010-65233595